NHK「今日的料理 Beginner's」ABC Book

一吃就上癮！

美味秒殺
肉料理

NHK「今日的料理 Beginner's」
是為初學者打造的料理節目。
本書從電視節目及教學所介紹的食譜中，
集結令人大讚「美味！」的肉類菜餚
彙整成冊。

為了做出既美味又不失敗的料理，
要事先將訣竅牢牢記住哦。
事前準備、火候的掌控、調味的時機等，
請仔細確認各食譜中記載的訣竅，
一起享受超美味肉料理吧！

目次

首先 從人氣料理開始

烹調的訣竅

在開始料理之前

- 本書中使用的量杯為 200mℓ，量匙 1 大匙為 15mℓ，1 小匙為 5mℓ。1mℓ=1cc。
- 本書中使用的「鍋子」直徑為 20 ～ 22cm，「小鍋子」直徑為 16 ～ 18cm，「大鍋子」直徑約 24cm。
- 本書中使用的「平底鍋」直徑為 24 ～ 26cm，「較小的平底鍋」直徑為 18 ～ 20cm。都是使用表面有塗層的平底鍋。
- 本書中介紹的食譜是以 2 人分為基準，不過也可以輕鬆做成較多的分量。為避免浪費食材，有時也會標註「2 ～ 3 人分」「4 人分」。敬請確認後再進行料理。

調味的訣竅

組合搭配的訣竅

- 微波爐、烤箱等烹調器具，敬請詳細參閱各廠牌的說明書後正確使用。
- 如果在微波爐中使用含有金屬製部分的容器、非耐熱性的玻璃容器、漆器、木頭．竹製．紙製品，以及耐熱溫度未達 120℃的樹脂製容器的話，可能會導致故障或意外，敬請留意。本文中所標示的料理時間，若未特別標明的話，皆是指使用 600W 的微波爐。700W 請將時間乘以 0.8 倍，500W 請乘以 1.2 倍。
- 使用鋁箔紙或保鮮膜進行加熱調理時，敬請先確認過使用說明書上所標示的耐熱溫度，正確使用。

依肉的種類區分　料理索引

豬肉

雞肉

牛肉

絞肉

★

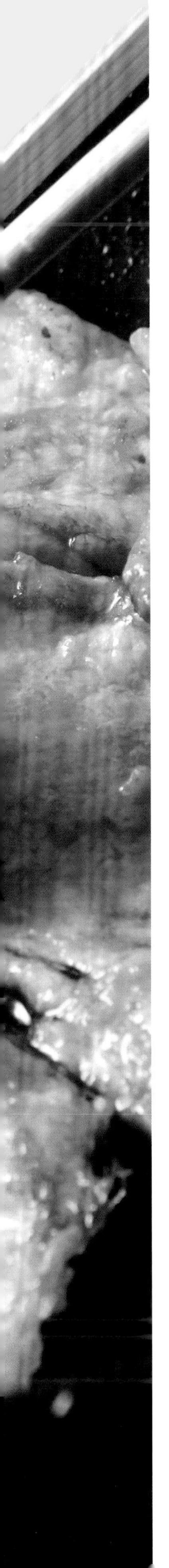

首先從
人氣料理
開始

薑燒漢堡排、牛排……
本篇集結了廣受歡迎的菜色
以及料理訣竅。
只要按部就班地掌握訣竅，即使是初學者也不會失敗。
重複練習的話，也能提升烹飪手藝。
讓我們從人氣料理開始吧！

薑燒豬肉

薑帶來的甜辣風味是人氣不敗的祕訣。
讓人配飯一口接一口的飽足感料理。

● 材料（2人分）
豬里肌肉*（薑燒用）…8片（200～250g）
太白粉…適量
A
- 醬油…1½～2大匙
- 酒…1大匙
- 味醂…1大匙
- 砂糖…½大匙

薑（磨泥）…1小匙
高麗菜…⅙顆（200g）
沙拉油…適量
*或是肩胛肉。

1. 高麗菜切絲，在冷水中浸泡約5分鐘後撈起瀝乾。與A攪拌混合備用。

2. 以菜刀刀尖在豬肉瘦肉與脂肪間筋的部位刺入2～3刀。這樣煎肉時可以避免肉縮起變形。

3. 在豬肉的兩面灑上太白粉，輕拍沾上薄薄一層。

訣竅 太白粉可以添加光澤，並且讓醬汁變濃稠。

4. 在平底鍋中放入1小匙沙拉油以中火預熱，鋪入4片豬肉（不要重疊），一邊調整位置，一邊煎至兩面上色後取出備用。

訣竅 豬肉分兩次下鍋且不要重疊放置，就可以迅速煎得漂亮。不時移動肉的位置可使火候均勻。

5. 再放入1小匙沙拉油，將剩下的豬肉以同樣方式煎好後取出。

6. 暫時關火，將混合好的調味料以劃圈方式倒入（右圖），再放入薑（右下圖）。

訣竅 於最後放入薑可帶出香氣。

7. 開小火，一邊搖動平底鍋，一邊翻動豬肉，讓全體均勻裹上醬汁。在盤子中鋪上❶的高麗菜後將豬肉盛盤。

1人分350kcal／烹調時間15分鐘

將豬肉裹上
太白粉後再煎，
能充分沾裹醬汁
呈現光澤感。

漢堡排

洋食的經典菜色，搭配紅酒醬汁帶出道地的滋味。
來掌握煎得焦香多汁的訣竅吧！

攪拌至有黏性
再拍出空氣後，
就不容易散開，
可以煎得香嫩多汁。

●材料（4人分）

漢堡排原料

A
- 混合絞肉…400g
- 洋蔥…½顆（100g）
- 奶油…½大匙
- 生麵包粉…1杯
- 牛奶…4大匙
- 蛋…1顆
- 鹽…⅔小匙
- 胡椒…少許
- 肉豆蔻*…少許

沙拉油…少許

醬汁
- 紅酒…4大匙
- 水…3大匙
- 番茄醬…3大匙
- 伍斯特醬…2大匙
- 鹽、胡椒…各少許
- 奶油…1½大匙

西洋菜…適量

*肉豆蔻科的辛香料，具備獨特風味，也有很好的消臭效果。

❶ 將洋蔥切末。以中火在平底鍋中融化奶油，再以小火將洋蔥炒軟後關火，取出放冷。將牛奶加入麵包粉中，攪拌混合成濕潤狀。

❷ 將絞肉、❶、蛋、鹽、胡椒、肉豆蔻放入調理盆中，以手攪拌混合（右圖）。要充分攪拌混合，直到黏性出來為止（右下圖）。

訣竅 攪拌出黏性後，比較容易成團。

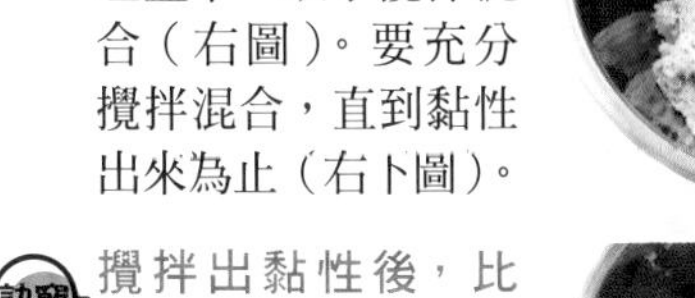

❸ 將❷分成 4 等分，以濕潤的手拿起一塊肉排，再以兩手像拋接球般於掌心中拍打，去除多餘的空氣。

訣竅 將肉排中的空氣拍出後，可以避免肉排在煎的時候散開，流失肉汁，維持鮮嫩多汁。

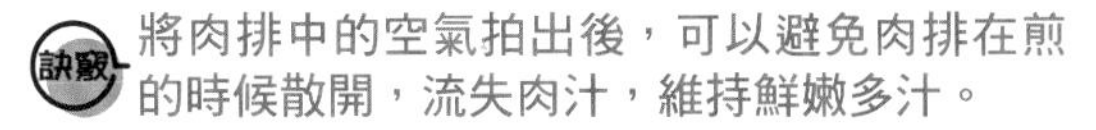

❹ 將肉排搓圓後壓平，捏成橢圓狀。

❺ 在平底鍋中放入沙拉油以中火預熱，將❹並排放入煎約 2 分鐘，待上色後翻面。

❻ 再煎約 1 分鐘，待上色後蓋上鍋蓋，以小火蒸煎 4 ～ 5 分鐘。

訣竅 蓋上鍋蓋可以鎖住熱，以小火慢慢將肉排中央煎熟。火候過強的話，在中間還沒全熟前，外面有可能會先焦掉，須注意。

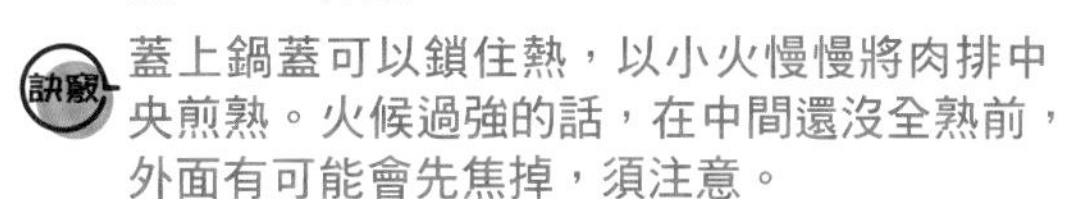

❼ 待肉排中央膨鬆隆起後即可取出。

❽ 製作醬汁。在❼的平底鍋中灑入紅酒後關火，加入適量的水、番茄醬、伍斯特醬後充分拌勻。點小火並煮至醬汁變濃稠，再加入鹽、胡椒。加入奶油，一邊淋上醬汁使其融化後，一邊拌勻。

❾ 在盤中盛入❼的漢堡排，淋上❽的醬汁，以西洋菜點綴。

1人分 360 kcal／烹調時間 30 分鐘

蒜香牛排

**用爆香過蒜頭的油
來煎出美味牛排。
隨自己喜好沾黃芥末
或灑上粗粒黑胡椒。**

● 材料（2人分）
牛沙朗（牛排用）*…（2cm厚）2片（400g）
鹽…½小匙
胡椒…少許
蒜頭…1瓣
沙拉油…1大匙
萵苣葉…適量
＊選用脂肪少、瘦肉多的類型。

❶ 牛肉在下鍋前20～30分鐘先從冰箱中拿出來恢復常溫。

訣竅 從冰箱拿出肉就直接下鍋煎的話，就算表面上色了，裡頭有可能還是冰冷的狀態。若再繼續煎的話表面可能會燒焦，須注意。

❷ 以菜刀刀尖在牛肉瘦肉與脂肪間筋的部位刺入3～4刀。這樣在煎的時候，肉就不易縮起變形。

❸ 在兩面灑上鹽與胡椒。

❹ 將蒜頭橫切成薄片並去除芯，在平底鍋中倒入沙拉油、放入蒜片，以小火炒過。待蒜片變得金黃酥脆時關火，取出放於紙巾上。

❺ 將❹的平底鍋開大火，將牛肉盛盤時朝上的那面（脂肪層對面的那一側，較薄處朝右）朝下放入。

❻ 一邊調整牛肉的位置一邊煎約1分鐘。轉中小火再煎1分鐘後翻面（右圖）。再轉大火煎30秒～1分鐘，接著轉中小火再煎1分鐘（右下圖）。

訣竅 先以大火將表面煎上色，再以中小火慢煎，就能煎出粉中帶紅的顏色。

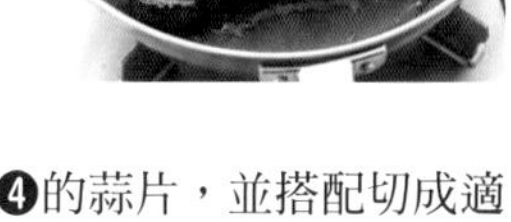

❼ 將❻盛入盤中，灑上❹的蒜片，並搭配切成適當大小的萵苣葉。

1人分660kcal／烹調時間10分鐘
扣除牛肉恢復常溫的時間。

讓牛肉恢復常溫，
煎的時候注意火候與
加熱時間
就能成功煎好牛排！

馬鈴薯燉肉

用平底鍋炒過，然後直接燉煮的馬鈴薯燉肉。
牛肉的美味就會滲入切成塊狀的馬鈴薯中。

●材料（2～3人分）
牛肉碎片…200g
馬鈴薯…（大）3顆（500g）
洋蔥…（小）1顆（150g）
蒟蒻絲…（小）1袋（150g）
鹽…1小匙
沙拉油…1大匙
酒…2大匙
砂糖…1大匙
味醂…2大匙
醬油…3大匙

❶ 將馬鈴薯切成2～3等分，泡水約10分鐘後擦乾備用。洋蔥縱切成4等分。

❷ 將蒟蒻絲切成方便食用的長度，灑上鹽稍微搓揉後沖水洗淨。將蒟蒻絲放入小鍋中加水淹過，開中火煮滾後轉小火再煮5分鐘，撈起後瀝乾。

❸ 在平底鍋中放入沙拉油後以中火預熱，放入牛肉炒散。

訣竅 將牛肉事先炒過後，燉煮時就不容易跑出雜質，肉的美味也較能夠滲入蔬菜中。使用平底鍋炒的話，肉比較不會黏鍋。

❹ 待牛肉變色後加入❶與❷快炒，再倒入酒及⅔～1杯的水。煮滾後加入砂糖、味醂輕輕地攪拌。蓋上鍋蓋以中小火燉煮10～12分鐘。

訣竅 調味時，一開始要先放砂糖與味醂來加進甜味。如果先放醬油，甜味就不容易入味了，須注意。

❺ 待馬鈴薯變軟後放入醬油，輕輕地攪拌。蓋上鍋蓋轉小火，燉煮12～15分鐘。

1人分440kcal／烹調時間50分鐘

將調味料分成兩個階段加入，就能牢牢地將甜鹹味帶入食材中。

紅酒燉牛肉

用罐裝多蜜醬輕鬆做出基底。
炒過的洋蔥和紅酒、香草可增添牛肉美味。
慢一點再放入蔬菜可以達到適中的口感哦。

先將牛肉的表面
煎至金黃後，
再仔細燉煮入味。

●材料（4人分）
牛肉（切塊／燉煮用）…500g
洋蔥…1顆（200g）
番茄（熟透爲佳）…1顆（150g）
法國香草束*
- 月桂葉（請參照P.37）…1片
- 百里香…1～2枝
- 巴西利莖…1～2根
- 西洋芹葉…1片分

蒜頭（切末）…1瓣分
麵粉…2大匙
紅酒…½杯
馬鈴薯…（大）3顆（500g）
紅蘿蔔…1根（200g）
洋菇…100g
奶油…2大匙
多蜜醬（罐裝）…1罐（290g）
鹽…適量
胡椒…適量
沙拉油…適量

*也可用1片月桂葉代替。

❶ 將牛肉放入調理盆，加½小匙鹽，灑上少許胡椒後以手稍微搓揉。

❷ 將洋蔥切末，番茄去蒂後橫切對半，挖掉種籽後切成1cm小塊。將法國香草束的材料以綁肉棉繩綑成一束後打結。棉繩的其中一端請留長一點。

❸ 在較大的鍋中放入1大匙沙拉油以中火預熱，放入洋蔥、紅蘿蔔，仔細炒約20分鐘，變成焦糖色後關火。

❹ 將麵粉灑在❶的牛肉上且均勻覆蓋。在平底鍋中放入1大匙沙拉油以中火預熱，放入牛肉煎至上色後翻面繼續煎至全部上色。

訣竅 用平底鍋將牛肉的每一面都煎至金黃後再燉煮，更能帶出香氣。

❺ 將❹的牛肉放入❸的鍋中，開中火，加入紅酒及2杯水。

❻ 煮滾後轉小火且去除雜質，放入❷的番茄與法國香草束。將法國香草束一端的長棉繩，綁在鍋子的柄上。加入½小匙鹽、少許胡椒後攪拌，蓋上鍋蓋以小火燉煮1小時～1小時半至牛肉變軟嫩。

❼ 將馬鈴薯分成4等分後稍微削去邊角，在水中浸泡約10分鐘後取出並擦乾水分。紅蘿蔔切成厚約1.5cm的圓片。洋菇去除較硬的蒂頭部分，縱切對半。將奶油放入平底鍋中以中火融化，放入馬鈴薯、紅蘿蔔以及洋菇，拌炒2～3分鐘後關火。

❽ 以竹籤刺入❻的牛肉，若能滑順地刺穿（右圖），就取出法國香草串，然後加入❼的蔬菜（右下圖）。

訣竅 等牛肉煮軟後再放進蔬菜。燉煮用的牛肉要煮到軟需要花上一段時間，請用竹籤好好確認。

❾ 蓋上鍋蓋後再煮約15分鐘。放入多蜜醬、½小匙鹽、少許胡椒拌勻，再煮10～15分鐘。

1人分630kcal／烹調時間2小時45分鐘

經典炸雞

使用翅小腿輕鬆做出帶骨炸雞吧。
以鹽味作爲清爽的主要提味，是廣受大家喜愛的菜色。

在最後
提高油溫的話，
就能炸得酥脆。

●材料(2～3人分)

翅小腿…8支(500g)

A
- 白酒…1大匙
- 薑汁…1大匙
- 檸檬汁…½大匙
- 醬油…1小匙
- 鹽…⅔小匙
- 蒜頭(磨泥)…少許
- 胡椒…少許

麵粉…適量

沙拉油…適量

檸檬(切瓣)…2～3片

❶ 將A放入調理盆中攪拌混合，再放入翅小腿以手搓揉入味。醃漬30～40分鐘並不時翻一下面。

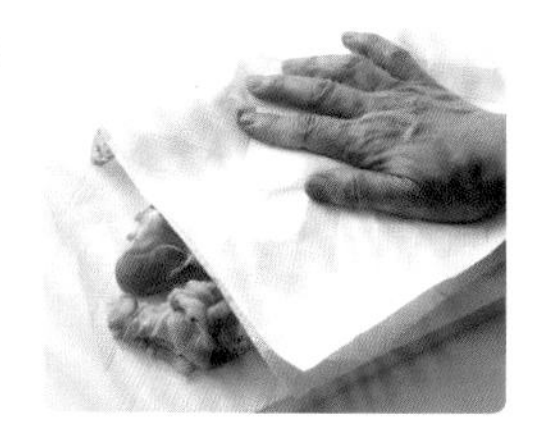

❷ 以紙巾裹住❶的翅小腿，擦去多餘醬料。

❸ 在盤中鋪上麵粉，放入❷。灑上麵粉後輕拍，使其裹上薄薄一層。

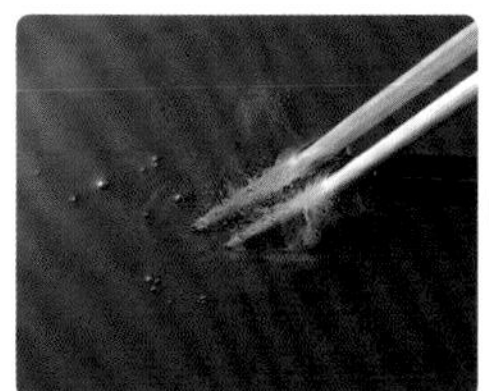

❹ 在平底鍋中倒入約鍋子一半深度的沙拉油，以中火加熱至中溫（約170℃）。在筷子的前端沾點水，稍微擦乾後放入油中試一下溫度，如馬上浮起細泡即代表油夠熱了（上圖左）。將❸的翅小腿一支支下鍋（上圖右）。

❺ 翅小腿全數下鍋後，轉中小火炸約10分鐘（上圖左）。油炸途中，表面一變硬就要不時翻動一下（上圖右）。

訣竅 若分批少量下去油炸，油溫升高就會容易焦掉。一次全部下鍋的話，藉由調整火候強弱，就可以連中央部分都確實炸好。

❻ 轉大火炸30秒～1分鐘。

訣竅 最後再將油溫一下子提高，就能炸得酥脆。

❼ 待炸油冒泡變少、顏色轉為褐色後即可起鍋，並以紙巾鋪於盤子上吸收多餘油分。

❽ 盛盤後擺上檸檬。

1人分290kcal／烹調時間50分鐘

豬肉筆記

★

滋味鮮美的豬肉，是每一天料理中不可或缺的食材。
掌握各部位的特徵與事前處理的訣竅，來充分活用豬肉的美味吧。

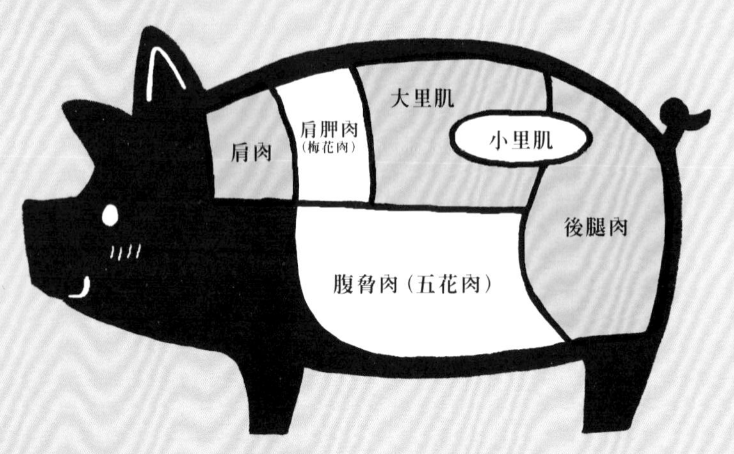

◉部位的特徵

大里肌

背部中央部位的肉，肌理較細且柔軟。瘦肉的外側帶有分量適中的脂肪。切片的厚度會根據店家而有所不同，通常用來做成炸豬排的厚約 1cm；薑汁燒肉的厚約 3 ～ 4mm；薄切肉片則厚約 2 ～ 3mm。多用於薑汁燒肉、炸豬排、香煎豬排、涮涮鍋等。

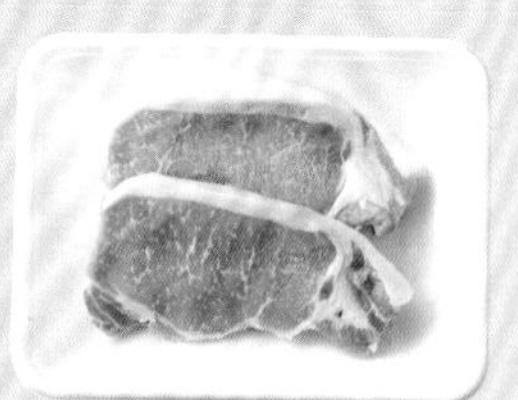

炸豬排用

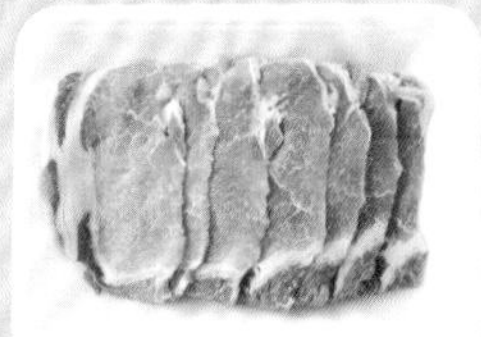

薑汁燒肉用

肩胛肉（梅花肉）

背部中央靠近肩膀部位的肉。瘦肉中混合著粗網狀的脂肪。肌理較為粗硬，不過有著濃郁的風味。切成塊狀適合燒烤或燉煮；切成薄片則可拿來做成薑汁燒肉或炒肉片。

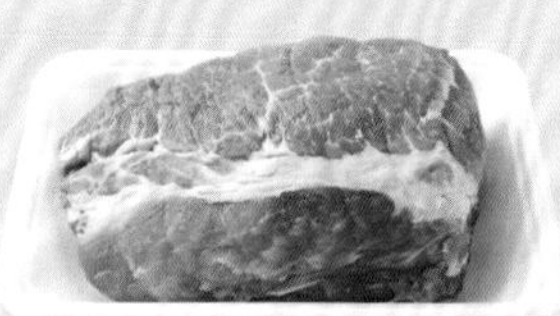

塊狀

後腿肉

後腿根部到臀部之間的肉，脂肪較少是其特徵。市售的薄切肉片多使用較靠近臀部的部位，稱為「外後腿肉」。切成薄片時多用於搭配蔬菜做成煎肉捲，或炒肉片；切塊則用來做成水煮白肉。

薄切

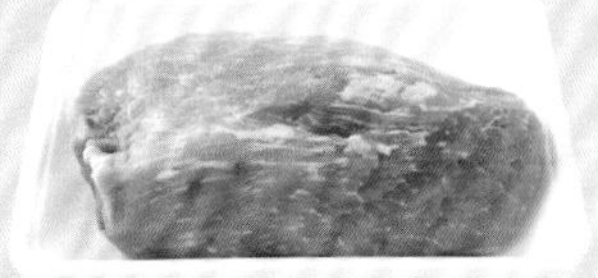

塊狀

挑選方法

◎請挑選水潤且帶有光澤感的

品質良好的豬肉，肉色會呈粉紅中帶著淡淡灰色，表面帶有水潤的光澤感。最好挑選盤中沒有出水（積在盤中的紅色液體）的肉品。

肩肉

從肩部到前腿之間的部位。肉的肌理較粗硬，顏色也較深。稍微帶有脂肪，長時間燉煮可帶出風味。多用來做成燉肉等。

小里肌

位於大里肌內側，是豬肉中肌理最細緻、最柔軟的部位。脂肪少、熱量低。適合用來做炸豬排或香煎豬排等需要用到油的料理。

腹脅肉（五花肉）

從胸部到腹部之間的肉，因為瘦肉與脂肪相互交疊成三層左右，又稱為「三層肉」。由於脂肪很多不容易變硬，所以薄切時十分適合用來拌炒。厚切多用於燒烤；塊狀則多用於燉煮。

薄切

燒烤用

豬肋排

以腹脅肉帶骨切成。一般會切成每塊帶有一根骨頭、便於食用的長度。除了可品嚐到腹脅肉的美味外，骨頭周圍的肉也另有一番風味。多用於以烤箱燒烤或是燉煮等。

◉其他種類

散切肉

綜合了整理豬肉形狀時切剩的部分。通常是混合了各種不同部位的肉。每片肉的大小、厚薄各異。雖然肉質跟口感不統一；但從另一方面來說也能享受品嚐各部位美味的樂趣。價格低，是經濟實惠的選擇。

★「散切肉」與「碎肉（肉碎片）」

將切肉時剩下的末端混合裝盒而成的產品稱為「散切肉」或「碎肉、肉碎片」。一般在標示肉品時，前者是用來稱呼豬肉，後者是用來稱呼牛肉（請參考P.87）。在本書中則以「散切豬肉」與「牛碎肉、牛肉碎片」作為區分。

◉一定要先知道的事前準備

恢復常溫

豬排用肉、大塊肉塊等有點厚度的肉品，如果在冰冷的狀態下直接料理，即使表面煎好了，裡頭也有可能不熟。應該在料理前約30分鐘，先從冰箱拿出來使其恢復常溫。雞肉、牛肉也一樣。

斷筋處理

豬肉的筋較硬，加熱後會縮起來使肉變形，導致熟度難以均等。料理厚切、薄切里肌及肩胛肉時，要事先在瘦肉與脂肪之間刺入幾刀將筋切斷。

肉較厚時，將脂肪部分朝內擺放，然後從脂肪朝瘦肉部分刺入4～5刀。

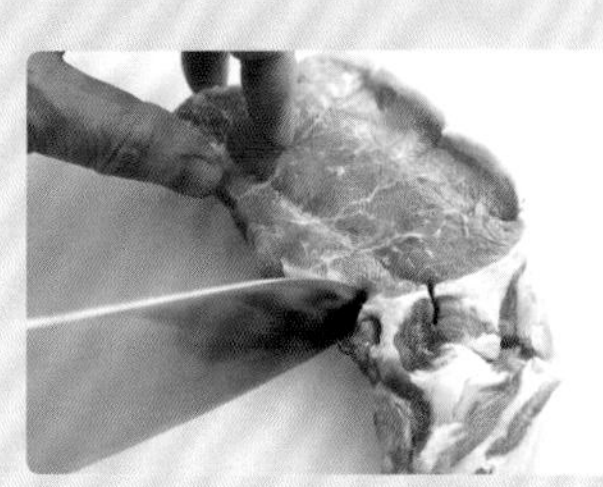

邊緣的話則在脂肪較多的地方，用菜刀刺入3～4處將筋斷開。

綑上棉繩

使用大塊的肉時如果事先以棉繩綑好，就能保持好形狀。市面上也有販售已綑好網狀棉繩的肉品。牛肉也是同樣的綑法。

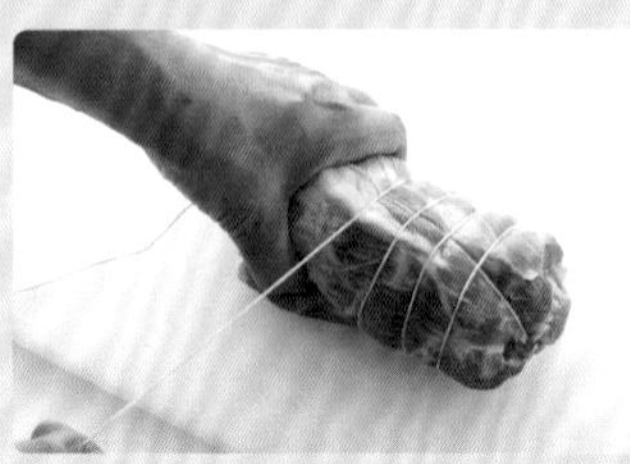

❶將肉橫放後，取一段棉繩預留約15cm長的線頭後將棉繩橫放於肉上，於一端往回一圈一圈綑住肉。

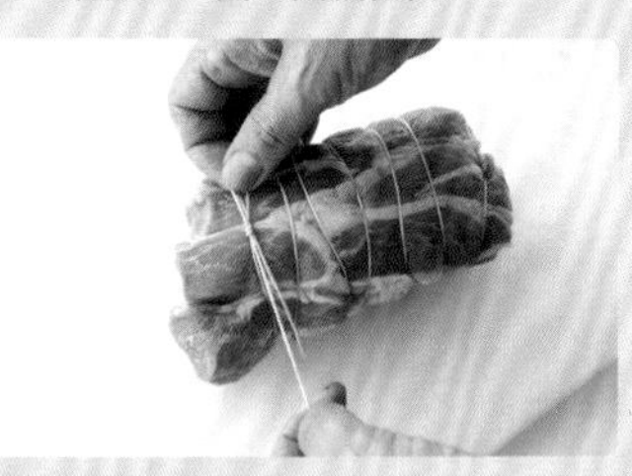

❷整塊肉都綑好後，用一開始留下的棉繩線頭打好結再剪斷。

綁肉繩＊

較粗且強韌的棉繩，原本是用於風箏。堅固、耐熱，因此也用於料理中。請選購料理專用、百分百棉製的產品。

＊日文為たこ糸，意指風箏線。

事先綑綁好網狀棉繩的大塊肉品。省去自行綁線的功夫，便於使用。

烹調的

在煎、煮、燙等基本烹調手法中，
有幾個影響料理美味程度的要點。
煎得酥脆的訣竅、熟度恰到好處的訣竅、
不讓美味流失的燉煮訣竅。
快來掌握這些烹調祕訣，
一起享受絕品的美味肉料理吧！

一邊壓一邊煎

讓肉好吃的祕訣，就是將表面煎至金黃。
只要用鍋鏟或鍋蓋一邊壓一邊煎，就能煎得又香又脆。

煎得酥酥的外皮，
又香脆又可口！

香煎雞腿排

雞腿肉的美味程度，取決於外皮是否煎得金黃酥脆。
以鹽、胡椒稍微調味，
即可品嚐到雞肉的濃厚滋味。

●材料（2人分）
雞腿肉…（小）2片（400g）
鹽…⅔小匙
胡椒…少許
沙拉油…少許
綜合生菜葉…適量

❶ 雞肉在烹調前30分鐘先從冰箱拿出來恢復常溫。綜合生菜葉以冷水沖洗保持爽脆，瀝乾後擦去多餘水分。

❷ 將雞肉多餘的脂肪去除，並淺淺地在雞肉上劃5～6刀將筋切斷（請參照P.62）。在兩面抹上鹽與胡椒。

❸ 在平底鍋中放入沙拉油以中火預熱，將雞皮朝下放入雞肉。

❹ 一邊用鍋鏟從上方施壓，一邊煎大約1分鐘，拿開鍋鏟後再煎約4分鐘。

訣竅 從上方壓雞肉使雞皮與鍋面緊密貼合，就能將雞皮煎得香香脆脆。

❺ 待煎成漂亮的金黃色後將雞肉翻面，轉中小火再煎約5分鐘。盛盤後擺上綜合生菜葉。

1人分400kcal／烹調時間15分鐘
扣除讓雞肉恢復常溫的時間。

直接蓋上鍋蓋，
藉由加壓
來煎得金黃香Q！

檸香蜂蜜煎雞翅

煎好的雞翅僅需沾裹一些蜂蜜檸檬醬汁，
恰到好處的酸甜滋味可將風味更提升一個層次。

● 材料（2人分）
二節翅…6支（360g）
櫛瓜…½～⅔根（80～100g）
A［鹽…1/2小匙
　胡椒…少許
沙拉油…2大匙
鹽…少許
酒…2大匙
B［蜂蜜…2大匙
　檸檬汁…2大匙
黑胡椒（粗粒）…少許

❶ 將櫛瓜切片成1.5cm厚。將雞翅從關節部分切開（請參照P.62），抹上A之後靜置約10分鐘。

❷ 在平底鍋中放入沙拉油以中火預熱，將雞翅皮較厚的那面朝下排入鍋中，再放入櫛瓜。

❸ 將尺寸小於平底鍋的鍋蓋直接蓋上，煎4～5分鐘。途中將櫛瓜翻面，待兩面都煎上色後取出，灑上鹽。

以鍋蓋直接蓋上加壓後，就能將雞翅的皮煎得金黃香Q。

❹ 將雞翅翻面後，再度蓋上小鍋蓋，煎3～4分鐘。

❺ 拿開小鍋蓋後灑入酒，蓋上平底鍋的鍋蓋再轉小火蒸煎約5分鐘。將B依序加入，沾勻全部食材。連同櫛瓜一起盛盤，灑上黑胡椒。

1人分390kcal／烹調時間30分鐘

一邊壓一邊煎
就會香香脆脆。
熟度也能
恰到好處！

豬五花馬鈴薯煎餅

用豬五花油脂煎過的馬鈴薯鬆鬆軟軟。
豬肉香噴噴的美味也能滲入其中。

● 材料（2人分）
豬五花（薄切）…150g
馬鈴薯…（大）3顆（500g）
鹽…適量
胡椒…適量

❶ 用刨絲器（或菜刀）將馬鈴薯切成粗絲，接著放入調理盆，灑入⅓小匙鹽及少許胡椒後攪拌混合。

❷ 將豬肉一片片排列放進平底鍋，底部不要留空隙，緊貼鍋面鋪平。灑上鹽、胡椒各少許。

❸ 將❶的馬鈴薯絲平鋪於豬肉上，開中火。以鍋鏟一邊壓一邊煎約4～5分鐘。

從上方施壓的話，就能將豬肉煎得金黃酥脆，馬鈴薯也容易熟透，且能均勻沾裹豬肉的油脂。

❹ 一邊以尺寸小於平底鍋的鍋蓋加壓，一邊將多餘油脂倒入耐熱容器之中。將馬鈴薯餅翻過來倒蓋在鍋蓋上使其翻面，再從鍋蓋滑回平底鍋。

❺ 將前步驟中倒出的油脂沿著薯餅的邊緣倒回去，再以鍋鏟一邊壓一邊煎約4～5分鐘。切成喜歡的大小後盛盤。

1人分480kcal／烹調時間20分鐘

蓋上鍋蓋半蒸半煎

在煎有厚度的肉排或肉塊時，只要蓋上鍋蓋半蒸半煎，
就能在不燒焦的情況下將中央煎熟。

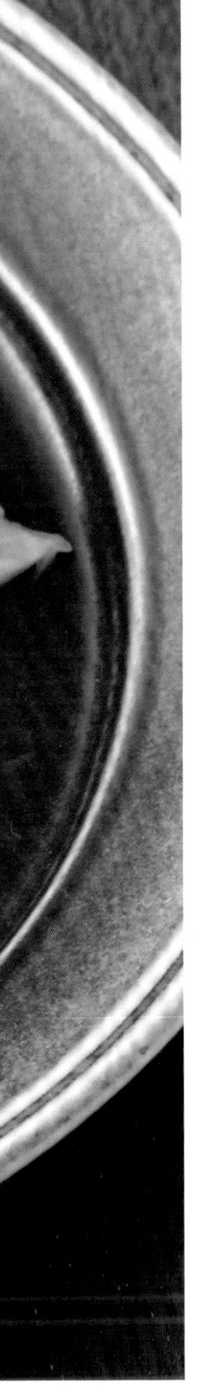

薑燒豬排

使用炸豬排用的厚切肉排製作、
分量十足的薑燒料理。
最後可以加進醋來增添清爽滋味。

●材料（2人分）
豬里肌肉（炸豬排用）…2片（230g）
太白粉…適量
薑…（小）1段
高麗菜…3片（150g）
A ┌ 醬油…$1\frac{2}{3}$大匙
　│ 味醂…1大匙
　└ 砂糖…1大匙
沙拉油…1大匙
鹽…少許
酒…2大匙
醋…2大匙

❶ 豬肉在下鍋前30分鐘先從冰箱拿出來恢復常溫。將薑切成細絲，高麗菜切成4～5cm小片狀。將A混合好備用。

❷ 在豬肉的瘦肉與肥肉之間劃上4～5刀將筋切斷（請參照P.22）。沾上太白粉後輕拍，使其沾上薄薄一層。

❸ 在平底鍋中放入沙拉油以中火預熱，將豬肉並排放入。

❹ 先煎約2分鐘，待背面上色後翻面再煎約2分鐘。兩面都煎上色後放入高麗菜，蓋上鍋蓋以小火半蒸半煎3分鐘。

訣竅 蓋上鍋蓋可將熱鎖住，只要以小火耐心慢煎就能將中央煎熟，高麗菜也容易變軟。

❺ 將高麗菜取出暫放於盤中並灑點鹽巴。留在鍋裡的豬肉則加進薑、灑入酒後，再加入事先混合好的A。將醬汁煮至沸騰並裹勻豬肉，待其變濃稠後再放入醋迅速攪拌混合。

❻ 將豬肉盛盤後擺入高麗菜，並淋上平底鍋中剩下的醬汁。

1人分440kcal／烹調時間15分鐘
扣除讓豬肉恢復常溫的時間。

平底鍋煎豬排

將大塊肩胛肉與蔬菜一起慢慢半蒸半煎。用蒸煎後的蘋果做成的醬汁堪稱絕品。

●材料（4人分）
豬肩胛肉（塊）…500g
鹽…1小匙
胡椒…少許
馬鈴薯…（小）2顆（200g）
紅蘿蔔…（大）1根（250g）
蘋果*…1顆
沙拉油…½大匙
月桂葉（請參照P.37）…1片
白酒…⅓杯
A［奶油…½大匙
　 鹽、胡椒…各少許
西洋菜…適量
*建議使用紅玉等酸味較強的品種。

❶ 用綁肉繩將豬肉綑起（請參照P.22）。用手抹勻鹽和胡椒後，放置約30分鐘～1小時至恢復常溫。

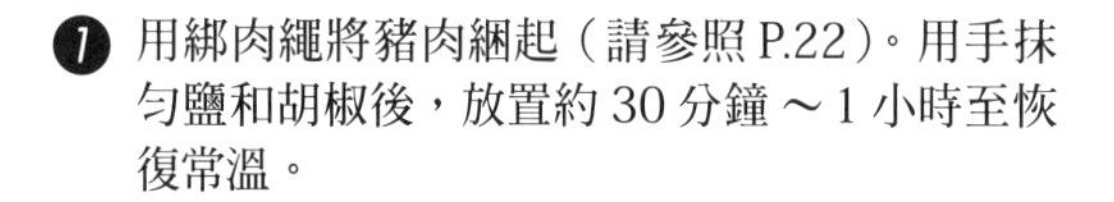

❷ 將馬鈴薯仔細刷洗過後帶皮切成兩半，再以水沖洗過後擦乾水分。將紅蘿蔔對切成兩半後，再切成等長兩段。蘋果削皮後縱切成4等分，去除芯。

❸ 在平底鍋中倒入沙拉油以中火預熱，放入❶的豬肉，一邊煎一邊翻動，直到整塊肉上色。

❹ 將馬鈴薯、紅蘿蔔與蘋果放入快炒。放入月桂葉後再倒入白酒，蓋上鍋蓋以小火半蒸半煎約20分鐘。

訣竅　加入蔬菜一起半蒸半煎，就能用蔬菜中的水分將肉煎得多汁。

❺ 將蘋果取出，豬肉和其他蔬菜則翻面。再次蓋上鍋蓋半蒸半煎約20分鐘。蘋果趁熱以湯匙背面壓碎。

❻ 以竹籤刺入豬肉中央看看，如果滲出清澈肉汁表示肉煎好了。如果滲出混濁肉汁則再次加蓋蒸煎約5分鐘後，將豬肉與蔬菜取出。

❼ 將❺的蘋果加入1小匙平底鍋中的煎汁及A，充分攪拌混合（蘋果醬汁）。將豬肉的綁肉繩拆下，切成易於食用的厚度盛盤後，放上馬鈴薯、紅蘿蔔與西洋菜，再淋上蘋果醬汁。

1人分410kcal／烹調時間55分鐘
扣除讓豬肉恢復常溫的時間。

只要用半蒸半煎，
就連用平底鍋都能
將大塊的肉
充分煎熟。

簡易烤牛肉

用平底鍋就能輕鬆做出令人憧憬的烤牛肉。
搭配同時下鍋的蔬菜與肉汁所做成的肉汁醬來品嚐吧。

● 材料（4人分）
牛腿肉（塊）…500g
紅蘿蔔…（小）1根（120g）
洋蔥…（小）1顆（150g）
西洋芹…1根
蒜頭…1瓣
沙拉油…½大匙
紅酒…3大匙
顆粒雞湯粉（西式）…少許
鹽…適量
胡椒…適量
西洋菜…適量

❶ 牛肉下鍋前30分鐘～1小時從冰箱拿出來恢復常溫，綑上綁肉線（請參照P.22），灑上½小匙鹽、少許胡椒後以手充分抹勻。

❷ 將紅蘿蔔切成兩段，縱切成半後再縱切成薄片。洋蔥縱切對半再縱切成薄片。將西洋芹的莖斜切成薄片，葉子則切成4～5cm長。蒜頭縱切成3等分。

❸ 在平底鍋中放入沙拉油以中火預熱，放入❶後轉中大火，一邊翻動一邊煎整塊肉約5分鐘。

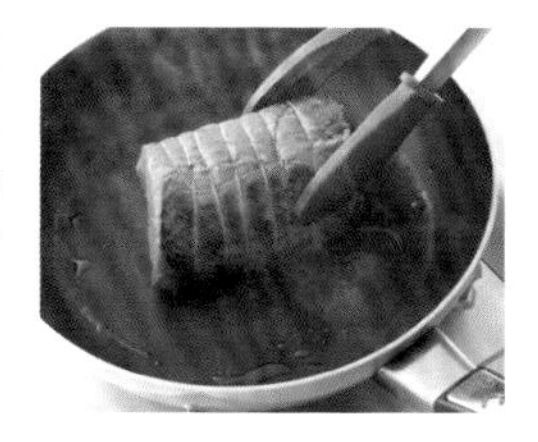

❹ 在牛肉四周放入❷快炒後，蓋上鍋蓋以小火煎約15～20分鐘。途中記得將牛肉翻一次面。

❺ 關火後將牛肉取出，放在鋁箔紙上後包起。放入保鮮袋避免肉汁滲出，再以布巾等裹起，靜置約1小時。蔬菜則留在鍋中靜置即可。

訣竅 以鋁箔紙或布巾包著保溫再靜置，就能以餘溫將肉慢慢加熱，減少肉汁流失，來維持濕潤度。

❻ 將❺的牛肉取出，留在鋁箔紙中的肉汁則另外留著備用。

❼ 接著來製作肉汁醬。開中火將留在鍋中的蔬菜炒約5～6分鐘。將蔬菜炒軟後加入紅酒、❻的肉汁、½杯水與雞湯粉攪拌混合，以小火煮約2～3分鐘。加入鹽、胡椒各少許後拌勻，再以細孔篩網篩過。

❽ 將❻烤牛肉上的綁肉繩拆下，切成厚5～6mm的片狀後，配上西洋菜。淋上❼的肉汁醬享用。

1人分240kcal／烹調時間45分鐘
扣除讓牛肉恢復常溫及以餘溫加熱的時間。

水煮蛋烘肉捲

用平底鍋就能輕鬆製作的烘肉捲。
加入水煮蛋可以縮短加熱時間，也能讓切口整齊漂亮。

●**材料（4～5人分）**

烘肉捲餡料
- 混合絞肉…500g
- 洋蔥…½顆（100g）
- 奶油…½大匙
- 生麵包粉…1杯
- 牛奶…3大匙
- 蛋…1顆
- 鹽…1小匙
- 胡椒…少許
- 肉豆蔻（請參照P.10）…少許

蛋（恢復常溫）…3顆
麵粉…適量
沙拉油…少許
綜合生菜葉…100g
＊盡量選瘦肉多的。

❶ 將蛋放入小鍋中，倒水淹過蛋後開中火，待煮滾轉中小火再煮約10分鐘，然後放入冷水中。剝殼備用。

❷ 接著製作烘肉捲的餡料。將洋蔥切末。在平底鍋中放入奶油以中火預熱，將洋蔥炒過。待洋蔥炒軟後取出放涼。在小調理盆中放入麵包粉與牛奶，攪拌混合備用。

❸ 將絞肉、❷、蛋、鹽、胡椒、肉豆蔻放入大調理盆中，以手攪拌。將所有材料充分攪勻混合至有黏性為止。

❹ 拉一段長約35cm的鋁箔紙，將⅔的❸橫鋪成長20cm。在中央捏出凹槽，將水煮蛋薄薄灑上麵粉後排列於上。

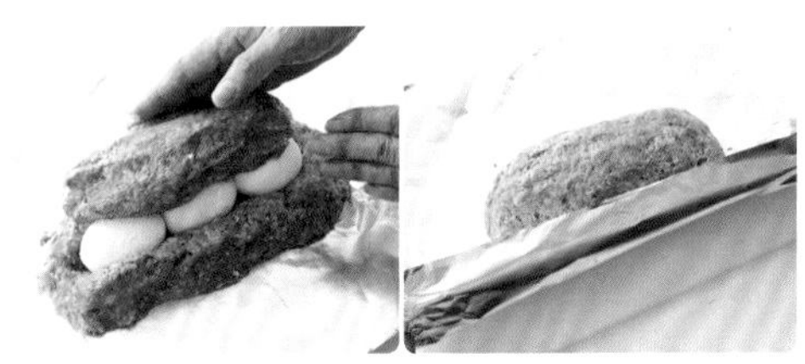

❺ 將剩下的餡料蓋在蛋上，以水將手沾濕後將餡料整成水煮蛋包在正中央的形狀（上圖左）。再用鋁箔紙將肉捲包起後（上圖右），將鋁箔紙兩端扭起。

❻ 在平底鍋中塗上沙拉油以中火預熱，放入❺。一邊不斷翻動讓整條肉捲均勻受熱，一邊煎3～5分鐘（右圖）。蓋上鍋蓋轉小火（右下圖），煎約20分鐘後關火，直接將肉捲靜置於鍋中放涼。

訣竅 用鋁箔紙包住後再煎就能維持形狀，表面也能夠煎出薄薄的金黃色。

❼ 將肉捲取出後拿下鋁箔紙，切成2cm厚片。盛於鋪好綜合生菜葉的盤上。

1人分340kcal／烹調時間50分鐘

只要用鋁箔紙
包著再煎，
就不需要模型
或烤箱。

用少量的水分來煮

燉煮料理通常給人得用滿滿湯汁煮得咕嚕冒泡的印象。
不過，只要妥善使用少量的水分來燉煮，
也能做出充滿食材美味與鮮活口感的可口料理。

啤酒燉雞

藉由燉煮讓酒精成分揮發，
留下啤酒的淡淡甘苦味，
帶來大人的滋味。

● 材料（4人分）
雞腿肉（帶骨）…4根（約1kg）
洋蔥…1顆（200g）
蒜頭…1瓣
番茄…1顆（150g）
生香菇…12朵
麵粉…3～4大匙
沙拉油…½大匙
月桂葉＊1…1片
啤酒＊2…1罐（350ml）
熱白飯…600g
巴西里（切末）…1大匙
鹽…適量
胡椒…適量
奶油…適量

＊1　乾燥的月桂葉。有著高雅又清爽的香味。
＊2　建議選用黑啤酒等味道較濃郁的種類。

❶ 從雞肉的關節凹陷處下刀，將雞肉切成兩半（請參照P.62）。將雞肉放入調理盆中，灑上½小匙鹽、少許胡椒，以手搓揉抹勻，靜置約10分鐘使其入味。

❷ 將洋蔥、紅蘿蔔切末。番茄去蒂後橫切對半，去除種籽，切成1cm小塊。將香菇蒂頭較硬的部分切掉，縱切對半。

❸ 用紙巾擦乾雞肉上的水分，將雞肉放入調理盆中，灑上麵粉後迅速攪拌一下。藉由麵粉自然產生稠度。

❹ 在平底鍋中放入沙拉油以中火預熱，將❸以雞皮朝下排列放入。待煎至上色後翻面，再煎4～5分鐘至兩面皆上色。關火後將雞肉取出。

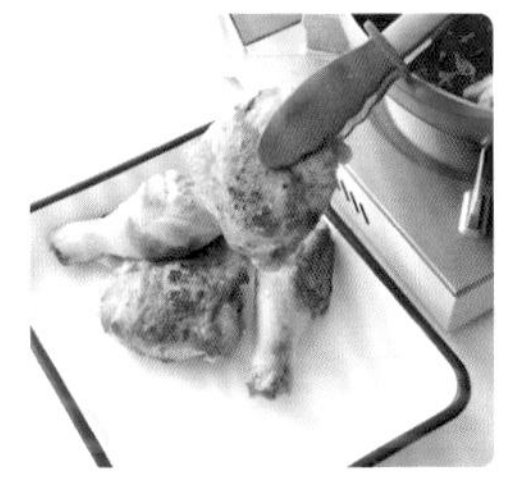

❺ 在❹的平底鍋中放入2大匙奶油，以中火融化，放入洋蔥與紅蘿蔔拌炒。待稍微上色後再加入香菇拌炒。

❻ 待香菇炒軟後再將雞肉倒回，加入番茄、月桂葉後倒入啤酒（上圖左）。煮滾後灑入⅔小匙鹽、少許胡椒，蓋上鍋蓋（上圖右），以小火煮約30分鐘。途中請上下翻面、攪拌1～2次。

訣竅　只要使用1罐啤酒加番茄的水分來燉煮即可。蓋上鍋蓋可鎖住水氣，即使只用少量水分也能充分燉煮。湯汁少一點就能將雞肉的美味濃縮其中。

❼ 在調理盆中放入白飯與2大匙奶油攪拌混合，盛盤後撒上巴西里，再淋上❻。

1人分760kcal／烹調時間55分鐘

俄式酸奶牛肉

俄羅斯的代表性燉煮料理。
此爲使用牛奶代替酸奶的簡化版本。

●材料（2人分）
牛肉碎片…150g
A［鹽…¼小匙／胡椒…少許］
麵粉…1大匙
洋蔥…（小）1顆（150g）
洋菇…100g
蒜頭…1瓣
B［奶油…1½大匙／麵粉…1½大匙］
沙拉油…1大匙
月桂葉（請參照P.37）…1片
C［牛奶…1杯／鹽…½小匙／胡椒…少許］
熱白飯…300g
巴西里（切末）…1大匙
白酒…適量
奶油…適量

❶ 將A灑在牛肉上並拌勻，再灑上麵粉。洋蔥縱切對半，再沿著纖維切成1cm寬。洋菇去除蒂頭較硬的部分後縱切對半，淋入½大匙白酒攪拌後備用。蒜頭縱切成三等分。

❷ 將B放入較小的容器中，用叉子一邊將奶油壓碎，一邊攪拌至看不見粉粒為止。

❸ 在平底鍋中倒入沙拉油，放入蒜頭以中火爆香，再放入牛肉拌炒。待肉變色後關火取出。在平底鍋中倒入1大匙奶油以中火融化，加入洋蔥、洋菇拌炒。待炒軟後將牛肉放回鍋中，迅速拌炒一下。

❹ 在鍋中放入月桂葉、3大匙白酒、⅓杯水，煮滾後蓋上鍋蓋，轉成小火煮8～10分鐘。加入C，再次煮滾後加入❷，煮至溶化變稠。

訣竅 用白酒與少量的水來蒸煮，能讓肉與蔬菜熟透。

❺ 將白飯放入調理盆，趁熱拌入1大匙奶油，加上切末巴西里攪拌混合。盛盤後淋上❹。

1人分850kcal／烹調時間30分鐘

加入牛奶的話，不需長時間燉煮就能完成，還能帶出食材風味。

藉由蒸煮來讓翅小腿的美味
滲入高麗菜之中。

高麗菜蒸煮翅小腿

翅小腿的濃厚美味與高麗菜的甜、番茄的酸相得益彰，
可享受到柔和又深奧的滋味。

●材料（2人分）

翅小腿
…6支（380～400g）
高麗菜…（小）½顆（500g）
番茄…1顆（150g）
沙拉油…½大匙
酒…2大匙
鹽…⅔小匙
胡椒…少許

❶ 將高麗菜的芯切除，橫切對半再縱切成4等分。將番茄縱切成半後去除蒂頭，橫切對半後再縱切成3等分。

❷ 在平底鍋中放入沙拉油，以中火預熱，將翅小腿排入鍋中。煎至上色後翻面，待全部都上色後灑入酒。

❸ 加入❶後迅速攪拌，將1杯水以劃圈方式倒入。煮滾後灑入鹽、胡椒，蓋上鍋蓋以小火煮20～30分鐘。途中記得上下翻面一次。

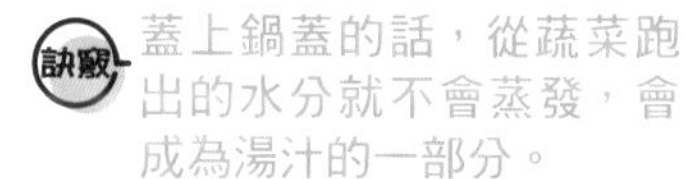

訣竅 蓋上鍋蓋的話，從蔬菜跑出的水分就不會蒸發，會成為湯汁的一部分。

1人分340kcal／烹調時間40分鐘

洋蔥煮翅小腿

用飽含翅小腿美味的湯汁來燉煮洋蔥。
只要簡單調味就能充分品嚐到雞肉的美味。

●材料（2人分）
翅小腿
…6支（380～400g）
洋蔥…2顆（400g）
薑…（小）1段
A［酒…3大匙
　 鹽…⅔小匙

❶ 先以大量的水沖洗過翅小腿後，再以紙巾擦乾。

❷ 洋蔥在還稍微連著芯的狀態下縱切成4等分。將薑帶皮切成薄片。

❸ 將翅小腿放入鍋中，加入薑和2杯水後開中火。

從冷水開始煮的話可以充分帶出翅小腿的美味。

❹ 煮滾後轉小火，撈除浮沫，加入A。蓋上鍋蓋再以小火煮15～20分鐘。

❺ 在❹中加入洋蔥，蓋上鍋蓋後再煮約15分鐘至洋蔥變軟。

1人分330kcal／烹調時間40分鐘

豬肋排甘醋煮

將豬肋排煎至金黃焦香，去除多餘的油脂後再燉煮。
一起下鍋的根莖類蔬菜也能吸收肉的美味，十分可口。

●材料（4人分）
豬肋排…約600g
蓮藕…1節（250g）
牛蒡…200g
薑…1段
沙拉油…少許
蒜頭…1瓣
紅辣椒…1根
A
- 酒…3大匙
- 水…½杯
- 醋…½杯
- 砂糖…2～3大匙

醬油…3～4大匙

❶ 將蓮藕縱切對半後，切片成1～1.5cm厚的半圓形，以水沖洗後將水分擦乾。牛蒡削皮後切成3～4cm長，較粗處對半切開。薑帶皮切成3～4mm厚。

❷ 在平底鍋中放入沙拉油以中火預熱，將豬肋排排入鍋中。煎至上色後翻面，再煎至兩面皆充分上色。以紙巾吸去多餘油脂。

❸ 將牛蒡、薑、蒜頭（整瓣）、辣椒、A按順序放入混合。煮滾後蓋上鍋蓋以中火煮約20分鐘。

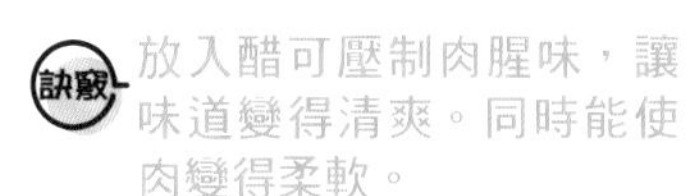

訣竅 放入醋可壓制肉腥味，讓味道變得清爽。同時能使肉變得柔軟。

❹ 在❸中放入蓮藕、醬油後拌勻，蓋上鍋蓋後煮約15～20分鐘至蓮藕熟透即可。

1人分490kca／烹調時間50分鐘

運用「溫度」、「冷卻法」、「粉」煮出美味

肉直接用水煮的話，可能會變硬或變老，很容易失敗。
一起學習適用於不同肉類與料理的大師級水煮方法吧！

涮牛肉
佐芝麻味噌醬

將蔬菜與肉分開燙熟，保留食材原味。
滋味醇厚的芝麻味噌醬
不論搭上肉或蔬菜都是絕配。

●材料（2人分）
牛腿肉（涮涮鍋用）…200g
豌豆…12枚（100g）
高麗菜…4片（200g）
鹽…少許
薑皮…約1段分
蔥綠…適量
酒…1大匙
芝麻味噌醬
- 磨碎芝麻…2大匙
- 味噌…2大匙
- 醋…2大匙
- 水（或是高湯）…2大匙
- 薑（磨泥）…½小匙
- 辣椒粉…少許

❶ 首先製作芝麻味噌醬。在調理盆中放入磨碎芝麻、味噌後，以小型攪拌器等器具拌勻。分次加入醋、少量的水攪拌均勻後，再加入薑。完成後裝入容器，灑上辣椒粉。

❷ 將豌豆的蒂頭與硬絲去除。在鍋中放入7～8杯熱水後煮滾，放入鹽，再依序放入高麗菜、豌豆，以中火煮約1～2分鐘。撈起後放入冷水中冷卻，擦乾水分。將高麗菜切成4～5cm大小。

❸ 在鍋中重新倒入4～5杯冷水，放入薑皮、蔥綠後開中火煮至沸騰，關火後加入酒。

❹ 將牛肉一片片展開下鍋（如右圖）。每次放入2～3片肉後靜置，以餘溫加熱至肉變色熟透（下圖）。

訣竅 關火後待水稍微變溫再放入牛肉慢慢燙熟，肉才不會變硬。

❺ 將牛肉取出，放入冷水中冷卻。剩下的牛肉也以相同方式煮熟。熱水變冷後肉可能會不容易變色，這時再以中火加熱約1分鐘即可。

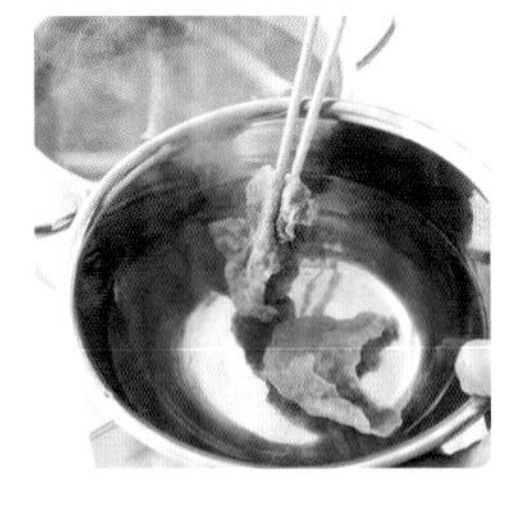

❻ 將牛肉撈起以手將水分擠掉，再放在鋪好紙巾的鐵盤上吸去多餘水分。

❼ 將❻、❷盛盤，配上❶的芝麻味噌醬。

1人分350kcal／烹調時間20分鐘

蔥醬淋雞

以少量的水分蒸煮容易乾柴的雞胸肉，可以維持濕潤口感。再淋上大量風味獨特的醬汁。

●材料（2人分）

雞胸肉…1片（250g）

A
- 酒…1大匙
- 鹽…少許
- 蔥綠…5～6cm
- 薑皮…約1段分

蔥…8cm

薑（磨泥）…½小匙

B
- 醬油…2大匙
- 醋…1大匙
- 砂糖…½大匙
- 豆瓣醬…¼小匙
- 芝麻油…½大匙

小黃瓜…2根（200g）

❶ 雞肉下鍋前約30分鐘先從冰箱拿出來恢復常溫。皮朝下放入平底鍋中，加入A、½杯水後開中火，煮滾後蓋上鍋蓋，以小火蒸煮約15分鐘。

❷ 關火後不掀鍋蓋直接靜置放涼。

直接蓋著鍋蓋放涼，可以藉由餘熱確實將雞肉中央煮熟，熱水也會滲入肉中，維持濕潤口感。

❸ 接下來製作蔥淋醬。將蔥切末備用。在調理盆中依序放入B攪拌混合，再加入蔥、薑，充分混合。

❹ 將小黃瓜放在砧板上以擀麵棍等敲過，再以手撥成一口大小。將❷的雞肉取出，用手撕成一口大小。將小黃瓜鋪於盤上，盛上雞肉，再淋上蔥醬。

1人分310kcal／烹調時間25分鐘

扣除讓雞肉恢復常溫及放涼的時間。

將雞胸肉放入平底鍋中蒸煮，再直接放涼可保持濕潤！

水煮豬肉片佐番茄沾醬

水煮豬腿肉嚐起來簡直像親手做的火腿一樣。
搭配有著番茄丁鮮活酸味的沾醬可帶出清爽滋味。

● 材料（3～4人分）

豬腿肉（塊）…400g

A
- 酒…3大匙
- 鹽…¼小匙
- 蔥綠…5～6cm
- 薑皮…約1段分

番茄醬
- 番茄…（小）1顆（100g）
- 巴西里（切末）…2大匙
- 醋…2大匙
- 鹽…½小匙
- 胡椒…少許
- 橄欖油（或沙拉油）…4大匙

水菜…100g

❶ 豬肉下鍋前30分鐘～1小時先從冰箱拿出恢復常溫。在小鍋中放入豬肉、2～3杯水及A，開中火。煮滾後蓋上鍋蓋，轉小火煮約20分鐘。途中將豬肉上下翻面一次。關火後就直接靜置放涼。

訣竅 不要用太大的鍋子，並使用少量的水來煮，就能將美味鎖在肉中。蓋上鍋蓋可鎖住熱氣。

❷ 接著製作番茄沾醬。將番茄去蒂後切成5mm小丁。在調理盆中放入醋、鹽、胡椒後以攪拌器混合，再加入橄欖油充分拌勻。最後放入番茄、巴西里攪拌好即完成。

❸ 水菜切去根部，切成3～4cm長。將❶的水煮豬肉取出切成薄片。在盤上鋪滿水菜後盛上豬肉片，再淋上❷。

1人分270kcal／烹調時間30分鐘

扣除讓豬肉恢復常溫及放涼的時間。

雞里肌佐梅子醬

將雞里肌切成薄片，不但能縮短煮的時間且方便食用。
梅子醬中加點水，可使酸味變得溫和。

● **材料（2人分）**
雞里肌…4條（200g）
梅子醬
- **梅乾…2顆**
- **水…2大匙**
- **薑…少許**

秋葵…8根
鹽…½小匙
太白粉…適量

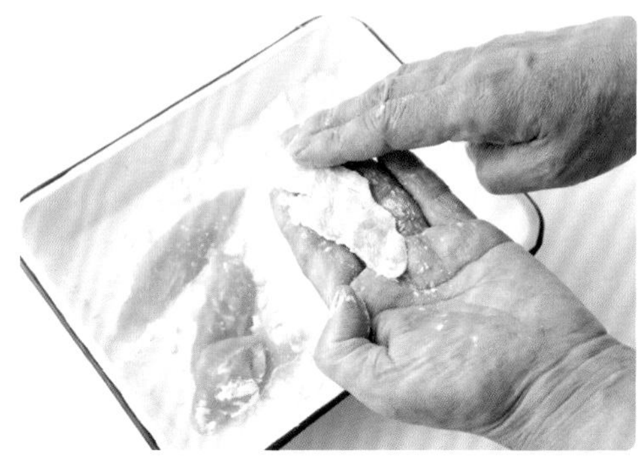

❶ 首先製作梅子醬。將梅乾去籽後以菜刀切碎。放入調理盆中與其他材料攪拌混合。

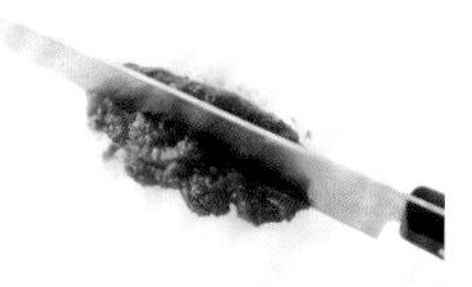

❷ 將秋葵蒂頭周圍較硬的地方稍微削去，以水沖洗過後灑上鹽。接著把灑上鹽後的秋葵直接放入一鍋熱水中，以中火煮約1分鐘。將煮好的秋葵放入冷水中冷卻，以篩網撈起後將水分擦乾。切成方便食用的大小。

❸ 雞里肌上若有白色的筋請先將其去除（請參照P.62）。菜刀斜著下刀，將雞里肌切成8mm厚（斜切成片）。

❹ 在雞里肌上灑些太白粉，輕拍使其沾上薄薄一層。

訣竅 先灑上太白粉的話，煮時表面就會有一層透明的膜，讓口感變得滑嫩。

❺ 重新煮一鍋熱水後將雞里肌一片片下鍋。放入約一半的量後從底部輕輕攪拌，以中火煮約1分鐘。

❻ 以漏勺等將雞里肌撈起鍋，放入冷水中冷卻。剩下的也以同樣做法煮好後冷卻。以篩網撈起去除多餘水分。

❼ 將雞里肌盛盤後淋上梅子醬，再放上秋葵。

1人分140kcal／烹調時間15分鐘

薄薄沾上一層太白粉後再煮，就能創造出滑溜的口感。

將絞肉充分炒散

先將絞肉充分炒過，再進行調味或燉煮，
可以帶出香氣，讓料理更美味。

肉燥炒番茄

用少量的材料即可迅速完成的快速料理。
絞肉的鮮味與番茄的酸味堪稱絕配。

●材料（2人分）

豬絞肉…200g

番茄…2顆（300g）

沙拉油…½大匙

A
- 酒…1大匙
- 鹽…⅓小匙
- 胡椒…少許

❶ 將番茄縱切對半去蒂，切成三等分的半月形後，再從中間切成兩段。

❷ 在平底鍋中放入沙拉油以中火預熱，放入絞肉翻炒。一邊以木鍋鏟將絞肉塊壓開（上圖左）、炒散，一邊將絞肉炒至粒粒分明的顆粒狀（上圖右）。

訣竅 絞肉經過充分地拌炒可確實熟透，也能抑制絞肉的肉腥味；同時使水分揮發，提升香氣。

❸ 加入A攪拌混合，再加入番茄快炒即可。

1人分280kcal／烹調時間10分鐘

將絞肉與洋蔥
一起充分拌炒
作爲料理的底味。

印度肉燥咖哩

以平底鍋炒過混合絞肉後再燉煮。
因為是絞肉，
所以燉煮時間約15分鐘就OK。
放上荷包蛋可使味道變溫和哦。

● 材料（2人分）
混合絞肉…200g
洋蔥…½顆（100g）
甜椒（黃）…1顆
沙拉油…1大匙
咖哩粉…2大匙
A ┌ 番茄醬…2大匙
 │ 伍斯特醬…1大匙
 └ 鹽…⅔小匙
荷包蛋
┌ 蛋…2顆
└ 沙拉油…少許
熱白飯…2碗分

1. 將洋蔥切末。甜椒縱切對半，去籽後切成1cm小丁。

2. 在平底鍋中放入沙拉油以中火預熱，將洋蔥放入充分翻炒至微微上色。加入絞肉，一邊壓散一邊拌炒。

訣竅 將絞肉與炒過的洋蔥一同拌炒的話，炒肉會更容易炒散。

3. 將絞肉炒散成顆粒狀後，加入甜椒快炒。灑入咖哩粉後再繼續拌炒。

4. 咖哩粉與食材拌炒均勻後，加入⅔杯水，煮滾後再加入A。將所有食材充分攪拌混合，蓋上鍋蓋以小火煮約15分鐘。

5. 以木鍋鏟攪拌時，湯汁的量如果可以看得見鍋底，即可完成。如果湯汁太多的話就打開鍋蓋，轉中火熬煮至湯汁的水分稍微收乾。

6. 接下來製作荷包蛋。在另外一個平底鍋中倒入沙拉油，以中火預熱，將蛋與蛋間留點距離分別打入鍋中，以中小火煎至半熟狀。

7. 將飯盛盤，再淋上❺，放上荷包蛋。

1人分710kcal／烹調時間30分鐘

肉味噌

充滿甜鹹滋味的肉味噌
可與蔬菜一同品嚐。
蔬菜使用蕪菁、白蘿蔔
或茗荷皆可。

●材料（2～3人分）
豬絞肉…200g
蔥…½根（50g）
薑…（小）1段
沙拉油…1大匙
A［味噌…約3大匙（50～60g）
　 砂糖…2大匙
酒…3大匙
高麗菜…3片（150g）
小黃瓜…1根（100g）
蘿蔔…4cm

❶ 蔥、薑分別切末備用。

❷ 在平底鍋中放入沙拉油以中火預熱，再放入絞肉一邊壓散一邊翻炒。炒至呈顆粒狀後加入❶迅速拌炒。再加入A繼續拌炒。

將絞肉炒成顆粒狀後再加入味噌與砂糖，味道會比較容易均勻附著。味噌充分炒過後也會釋出香氣。

❸ 味噌與食材充分混合後，加入酒與⅓杯水混合。煮至沸騰後，蓋上鍋蓋以小火煮約10分鐘至收汁。

❹ 將高麗菜切成大片狀、小黃瓜隨意切塊，白蘿蔔則切成1cm厚的半月形。將蔬菜與❸分開盛盤。

1人分270kcal／烹調時間20分鐘

麻婆冬粉

溶入絞肉鮮味的湯汁被冬粉充分吸收。
蒜香蔥香風味和辣味令人白飯一口接一口！

● 材料（2人分）
豬絞肉…150g
冬粉（乾）…80g
蒜頭…½瓣
蔥…8cm
沙拉油…½大匙
豆瓣醬…½小匙
酒…2大匙
A ┌ 醬油…2大匙
　 └ 砂糖…½大匙
芝麻油…1小匙

1. 將冬粉以料理剪刀剪成7～8cm長。將蒜頭與蔥分別切末。
2. 在平底鍋中放入沙拉油以中火預熱，放入絞肉充分炒過。炒散成顆粒狀後再加入蒜頭、蔥末與豆瓣醬拌炒。待香氣出來後，加入酒、1杯水，煮滾後加入A攪拌混合，蓋上鍋蓋以小火煮約5分鐘。
3. 加入冬粉迅速攪拌混合，蓋上鍋蓋再煮約5分鐘。待收汁後淋入芝麻油攪拌混合。

訣竅 冬粉不事先泡水，而是直接下鍋用湯汁煮開的話，絞肉的美味就能滲入其中，也能達到適中的口感。

1人分380kcal／烹調時間20分鐘

絞肉先充分炒過後再燉煮，可讓美味度大增。

烹調的訣竅

在絞肉餡中加入水分使其更柔軟

絞肉料理容易在加熱過程中縮水、變硬。而讓其美味的祕訣就在於水分。在絞肉餡中加入水或酒，就能讓肉變得很柔軟。

照燒雞肉丸

蔥香味十足的美味雞肉丸，
配上甜鹹醬汁更添可口光澤。
點上芥末醬令辣味畫龍點睛。

●材料（2人分）
雞絞肉…200g
A ┌ 蔥（切末）…3大匙
　│ 酒…1大匙
　│ 太白粉…½大匙
　│ 薑汁…½小匙
　└ 醬油…½小匙
沙拉油…½大匙
獅子唐青椒*…6根
B ┌ 味醂…2大匙
　└ 醬油…1½大匙
芥末…適量
*一種不辣的日本青椒。

❶ 在調理盆中放入絞肉、A，以手充分拌勻（上圖左）。加入2大匙水（上圖右）繼續充分攪拌至有黏性。將肉餡分成4等分，以沾濕的手將其捏成葉子狀（或喜好的形狀）。

訣竅 在肉餡中事先加入水的話，即使加熱也能保留一定水分，使其保持柔軟。

❷ 在平底鍋中放入沙拉油以中火預熱，將❶排列放入鍋中。在周圍放入獅子唐青椒稍微煎2分鐘，翻面再煎2分鐘後先將獅子唐青椒取出。

❸ 蓋上鍋蓋，以小火半蒸半煎2～3分鐘。關火後加入B。

❹ 再開小火，一邊以湯匙將醬汁澆在雞肉丸上，一邊煮至醬汁有光澤後即完成。

❺ 將雞肉丸盛盤，淋上平底鍋中剩下的醬汁。點上少許芥末後再擺上獅子唐青椒。

1人分250kcal／烹調時間15分鐘

在餡料中加入少量的水，就能製作出軟嫩的雞肉丸。

雞肉水餃

冰冰涼涼的熟水餃，可盡情享受咕溜的口感。
餃子皮採用不捏出皺褶的包法，即使是初學者也能輕鬆製作。
也可依個人喜好趁熱享用。

●材料（2～3人分）
雞絞肉…150g
A
- 蔥（切末）…4大匙
- 薑（磨泥）…½小匙
- 酒…1大匙
- 太白粉…½大匙
- 鹽…⅕小匙
- 胡椒…少許

餃子皮…24片
萵苣…½顆（200g）
醬汁
- 醋…適量
- 醬油…適量
- 柚子胡椒…少許

❶ 在調理盆中放入絞肉，加入A充分攪拌混合。加入3大匙水，再繼續攪拌至黏性出來。

訣竅 先將絞肉與蔥薑等調味蔬菜、調味料混合好後，再加入水。這樣肉才能確實入味，肉餡也會變得柔軟。

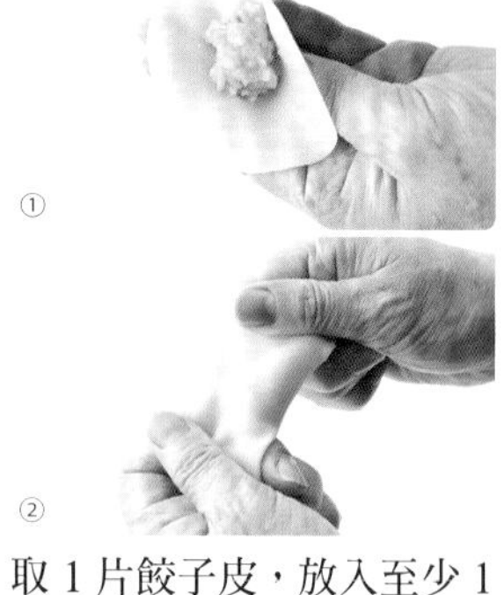
①
②

❷ 取1片餃子皮，放入至少1小匙內餡，在餃子皮邊緣塗上少許水。將餃子皮對半摺（上圖①），將邊緣貼合黏緊（上圖②），置於乾布巾上。其餘也以同樣做法完成。

❸ 將萵苣切成6～7cm大小。在裝滿熱水的鍋中放入❷，煮至浮起後再放入萵苣。以中火煮1～2分鐘至萵苣變軟（如果鍋子較小就分成兩次煮）。然後放入冷水中冷卻，撈起瀝乾後盛盤。醬汁則按照自己的喜好調整材料比例製作。

1人分240kcal／烹調時間20分鐘

將加了水的軟嫩內餡簡單地包起來。

雞肉丸水菜鍋

用雞肉丸與水菜就能製作的簡單火鍋。
軟嫩的雞肉丸中飽含湯汁。水菜用餘溫燙熟以保留口感。

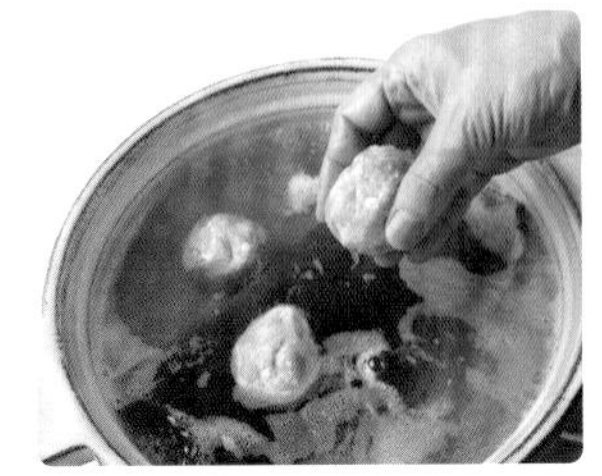

● 材料（2人分）

雞絞肉…250g

A
- 蔥（切末）…3大匙
- 酒…1大匙
- 太白粉…½大匙
- 薑汁…½小匙
- 鹽…⅕小匙
- 醬油…少許

水菜…200g

昆布高湯
- 昆布（15×5cm）…1片
- 水…5～6杯

B
- 酒…3大匙
- 醬油…1大匙
- 鹽…⅔小匙

七味唐辛子（依喜好）…適量

❶ 用水將昆布洗過，放入陶鍋（或一般鍋子）中，加入所需分量的水後靜置1～2小時。將水菜的根部切除，再切成5～6cm長。

❷ 在調理盆中放入絞肉、A，以手充分攪拌混合。加入2大匙水後，繼續攪拌至黏性出來為止。將肉餡分為8等分，以沾濕的手捏成圓形。

❸ 將❶的陶鍋開小火煮滾，再加入B攪拌混合。轉中火後放入❷。

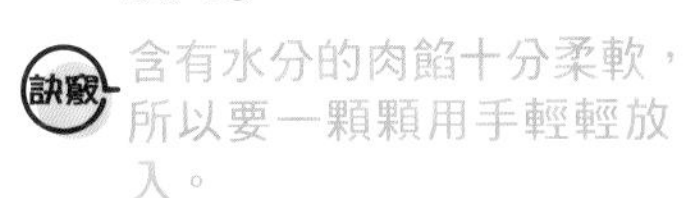

含有水分的肉餡十分柔軟，所以要一顆顆用手輕輕放入。

❹ 再煮滾後轉小火並去除浮沫，蓋上鍋蓋以小火煮約10分鐘。加入水菜後關火。依喜好灑入七味唐辛子。

1人分260kcal／烹調時間20分鐘

扣除昆布泡水的時間。

將柔軟的肉餡直接放入湯中燉煮。

將散切豬肉升級成豬肉丸

部位及形狀各異的散切豬肉，只要揉成丸子使用就能達到一致性且提升厚實感。可用來製作成分量十足的料理。

糖醋香煎豬肉丸

將散切豬肉揉成肉丸般的圓形，煎至金黃。
再加上蔬菜滿滿的糖醋醬汁，就成了一道豐富十足的料理。

●材料（2人分）
散切豬肉…200g
太白粉…適量
洋蔥…（小）½顆（80g）
生香菇…3朵
番茄…（小）1顆（100g）
太白粉水
- 太白粉…⅔大匙
- 水…1½大匙

A
- 醋…2大匙
- 醬油…1大匙
- 砂糖…2小匙
- 胡椒…少許

沙拉油…適量

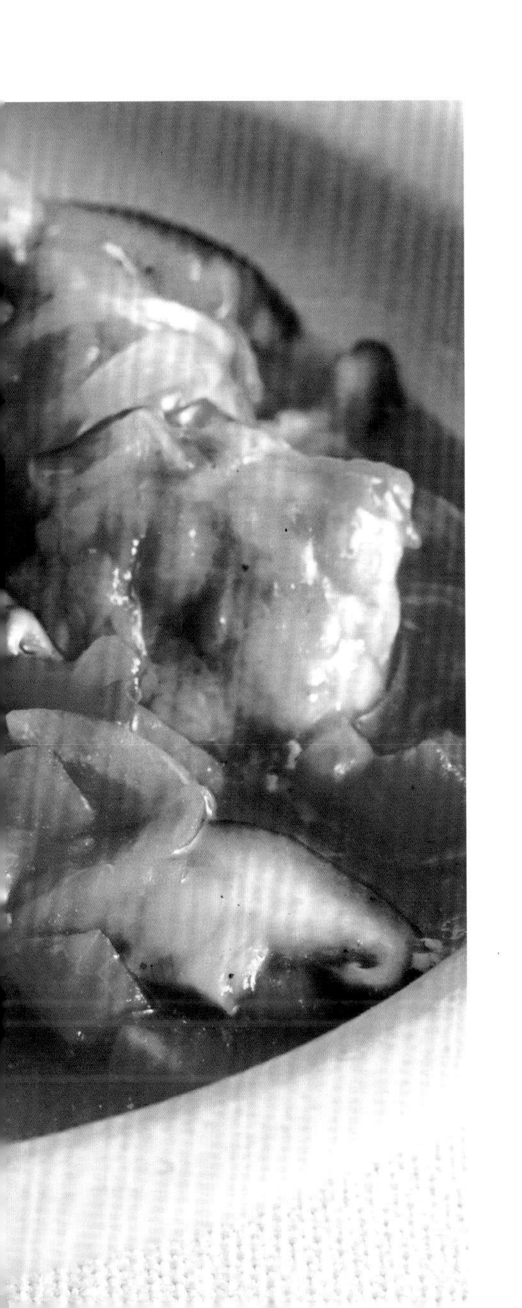

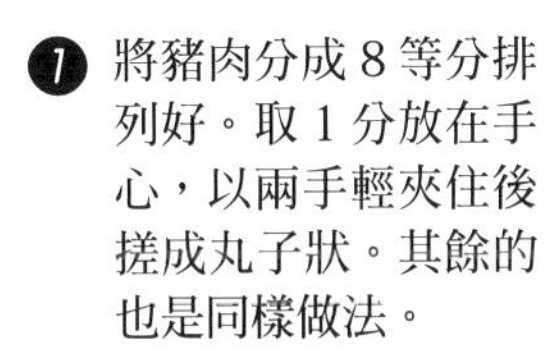
❶ 將豬肉分成8等分排列好。取1分放在手心，以兩手輕夾住後搓成丸子狀。其餘的也是同樣做法。

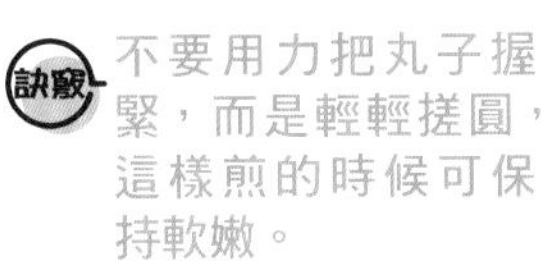
訣竅 不要用力把丸子握緊，而是輕輕搓圓，這樣煎的時候可保持軟嫩。

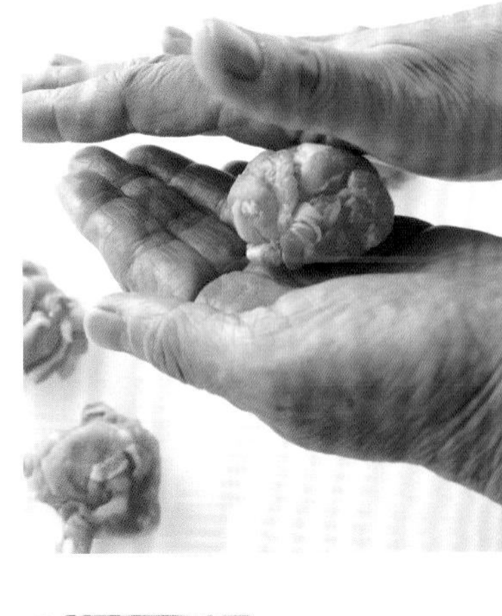

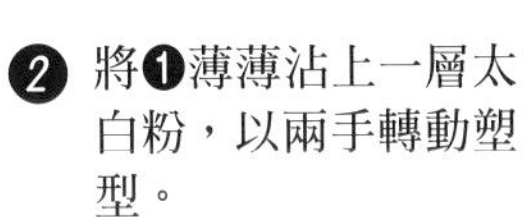
❷ 將❶薄薄沾上一層太白粉，以兩手轉動塑型。

❸ 將洋蔥沿著纖維切絲，香菇去蒂後切成薄片。番茄去蒂後橫切對半，去除種籽後再切成1cm小丁。太白粉水攪拌混合好備用。

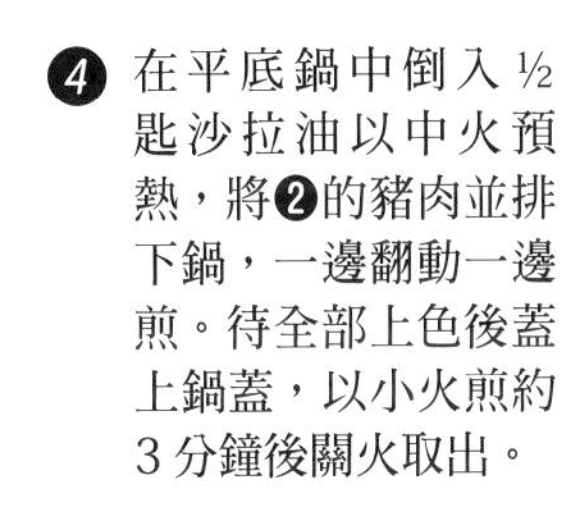
❹ 在平底鍋中倒入½匙沙拉油以中火預熱，將❷的豬肉並排下鍋，一邊翻動一邊煎。待全部上色後蓋上鍋蓋，以小火煎約3分鐘後關火取出。

❺ 接著製作糖醋醬汁。在❹的平底鍋中倒入½匙沙拉油以中火預熱，將❸的洋蔥、香菇下鍋拌炒。待軟化後加入⅔杯水，煮滾後加入A攪拌混合。煮約2分鐘後加入番茄，並將太白粉水再次攪拌後放入勾芡。將❹的豬肉放回鍋中快炒即完成。

1人分380kcal／烹調時間25分鐘

雞肉筆記

★

雞肉根據部位不同，口感與肉質等也有所差異。
掌握各部位的特徵來料理就是提升美味的訣竅所在。

◉部位的特徵

雞腿肉

雞腳以上到腿根部位的肉。因為是常運動到的部位，所以肉質較硬、筋也較多；但同時脂肪多、味道鮮美多汁。大多用於香煎、燒烤、燉煮或做成炸物等。

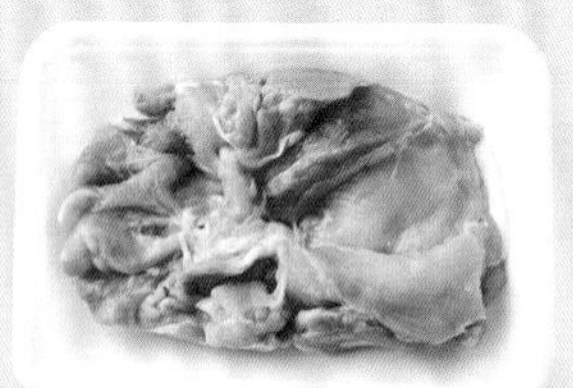

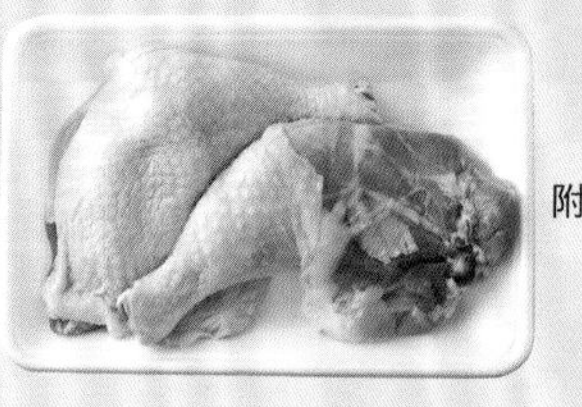

附骨

雞胸肉

雞胸部位的肉。由於是不太會運動到的部位，所以肉質柔軟、脂肪少且味道清爽。因為筋少所以事前處理起來很輕鬆。可用來煎烤、蒸煮及拌炒等，帶出其高雅的風味。

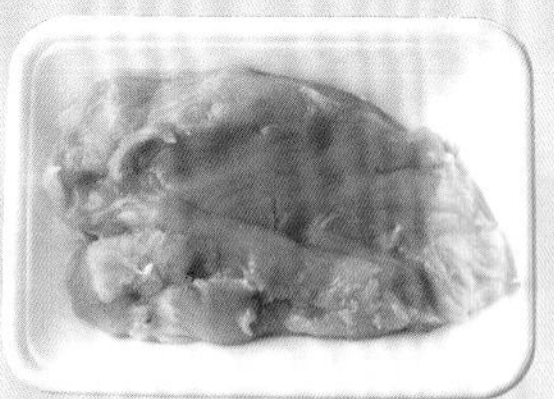

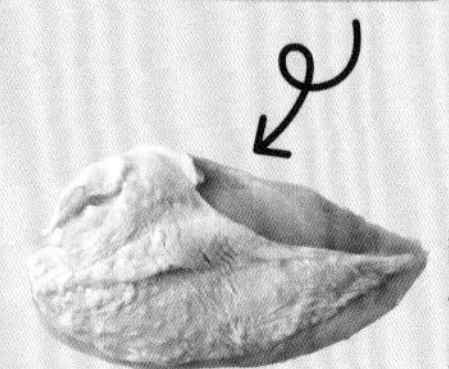

翻過來是帶皮的那一面；也可以買得到已去皮的。

雞里肌（雞柳）

雞胸肉內側部位的肉，形狀類似竹葉是其特徵。肉質柔軟、脂肪少且滋味淡雅。推薦用來香煎、水煮，或搭配別具風味及鮮味的食材料理。

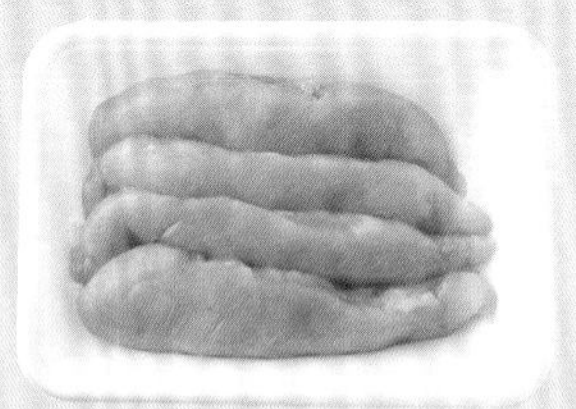

挑選方法

◎檢查光澤與毛孔的新鮮度

由於雞肉容易受損，選擇新鮮者是重點所在。具備光澤、肉質緊實有彈性且毛孔粗大的爲佳。

翅小腿

雞翅靠近雞身連接處的那一段上臂。也稱為「翅腿」(Wing Stick)，味道比起二節翅稍淡。多用來燉煮或是做成炸雞等。

二節翅

指的是雞翅去掉翅小腿後的部分。骨頭細、皮厚且肉較少，但卻十分美味。富含膠質，且具備有深度的濃厚風味。可將雞皮烤至金黃，或是細細熬煮入味來品嚐。

★雞翅中段

將雞翅前端較細的部分切掉後稱為雞翅中段。也有再將中段縱剖切開，以「雞翅排」(Chicken Spare Ribs)為名稱販售的商品。

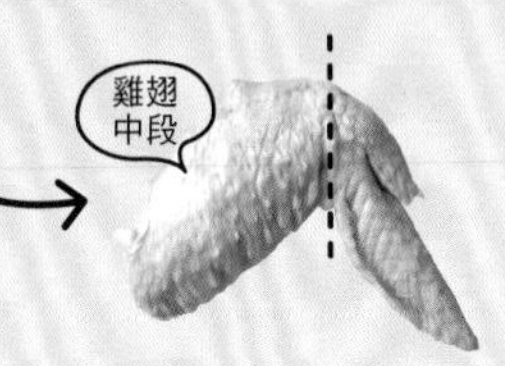

◉一定要先知道的事前準備

去除多餘脂肪

雞腿肉的脂肪較多，事先去除脂肪再料理，比較不會有雞腥味，滋味會較清爽。

去除皮與筋肉之間的白色脂肪，以及超出筋肉的皮。

切斷雞腿肉的筋

雞腿筋較硬，加熱後會縮起導致形狀扭曲。先以刀劃開將筋切斷，肉會比較容易熟

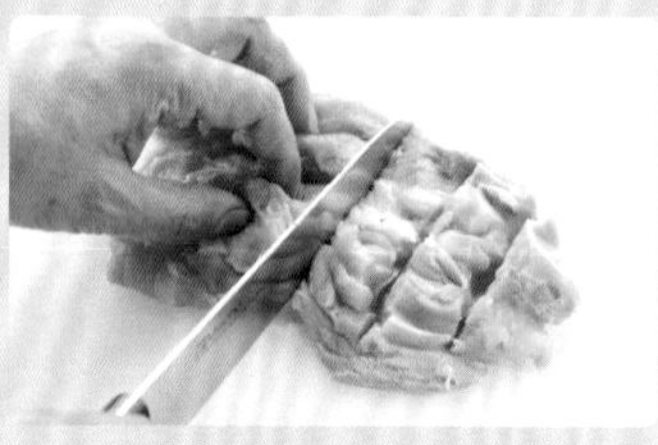

將雞腿肉皮朝下放置，淺淺地劃 5～6 刀，切斷白色的筋。

斜切成片

將雞胸肉或雞里肌等斜切成片，如此一來切口較大，肉會比較容易熟。

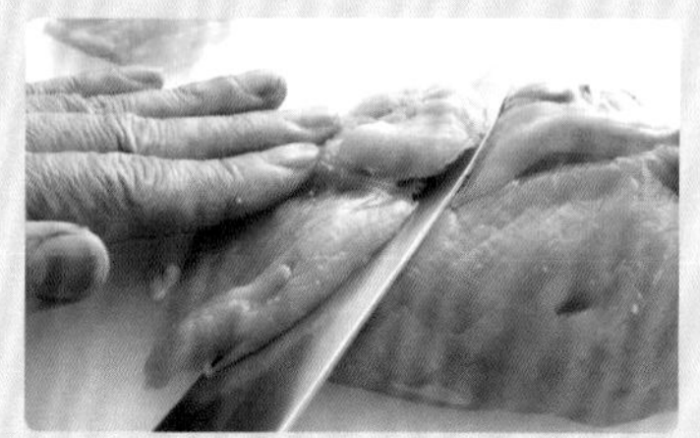

將肉橫放，從較窄的部位開始切。將菜刀斜斜地貼著，往內側切開。

去除雞里肌的筋

將雞里肌上頭的白筋去除再料理，可以讓肉較容易熟，形狀也會較完整。市面上也有販售已去好筋的肉品。

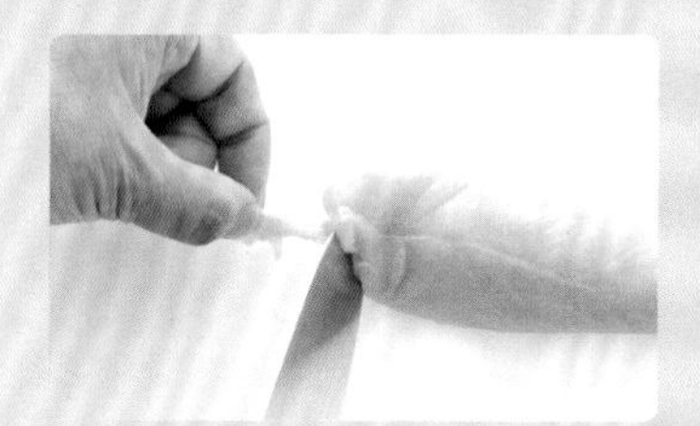

手持白筋尾端，以菜刀刀刃從筋肉之間下刀，一邊將筋拉出去除。無法拉出的話就切掉較粗的部分。

切斷雞翅末端

將雞翅末端切斷後會比較好料理。雖然末端細瘦肉少，但仍會釋放鮮味，無需丟棄可留著一起料理。

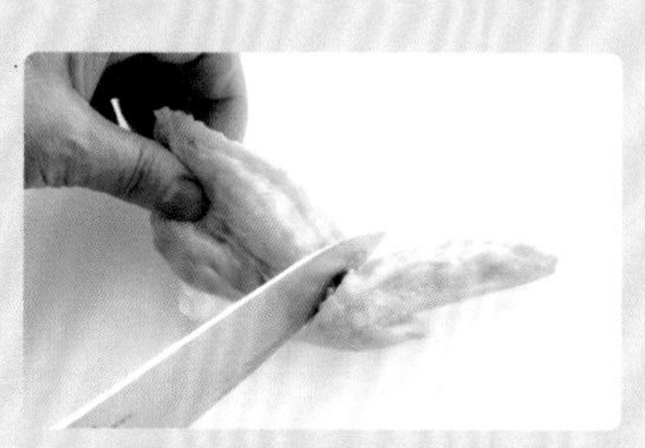

將皮較厚的部分朝下放好，以菜刀從關節凹陷處下刀切斷。

將帶骨雞腿切半

雞腿肉的骨頭較粗，難以切斷；不過只要從關節部位下刀，就能輕鬆切開。

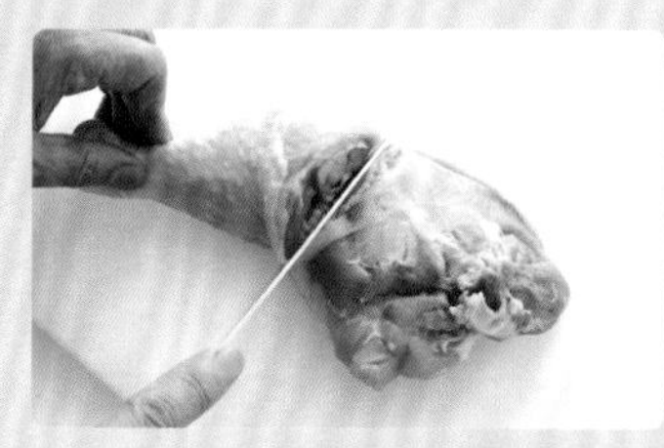

將肉橫放，以手指輕壓尋找關節的凹陷處。以菜刀從凹陷處下刀切半。

調味的

料理的完成度取決於調味。
是不是只會注意到調味料如何搭配而已呢？
調味的訣竅其實在於時機。
不管是預先調味、完成時的點綴，
或是趁熱加入調味料等。
只要記住調味的模式，
就能更加享受料理的樂趣。

確實做好預先調味

將肉以調味料醃過，預先進行調味的話，
只用煎的就能帶出深厚的美味，也能增加味道的多變性。

平底鍋燒肉

讓醬汁先入味後再煎，
用平底鍋也能輕輕鬆鬆
做出道地的燒肉。
用生菜包著吃感覺更清爽。

●材料（2人分）

牛腿肉（燒肉用）…250g

A
- 醬油…2大匙
- 酒…½大匙
- 芝麻油…½大匙
- 胡椒…少許
- 辣椒粉…少許
- 薑汁…少許
- 蒜頭（磨泥）…少許

白芝麻…1小匙
豌豆苗…1包
白菜泡菜…100g
紅葉萵苣…½顆
青紫蘇…10片
芝麻油…適量

利用加入芝麻油、薑汁及蒜泥風味的美味醬汁醃漬入味。

❶ 在調理盆中放入A，充分攪拌混合。

❷ 在❶中放入牛肉，以手充分抓醃攪拌，靜置約5～10分鐘使其入味。

訣竅 以調味料或蒜泥抓醃過就能確實入味。但要注意若放置太長時間的話，肉有可能變硬。

❸ 將豌豆苗的根部切除。泡菜切成3cm寬大小。在盤中先盛好紅葉萵苣、青紫蘇、豌豆苗、泡菜備用。

❹ 將白芝麻灑上❷的牛肉後輕輕拌勻。在平底鍋中放入½小匙芝麻油以中火預熱，放入½分量的牛肉，以少許間隔並排下鍋。轉大火煎約1分鐘。

❺ 待煎上色後，翻面以同樣方式煎好，關火後將肉取出。將平底鍋水洗過後擦乾，放入½小匙芝麻油以中火預熱，剩下的牛肉也用同樣做法。

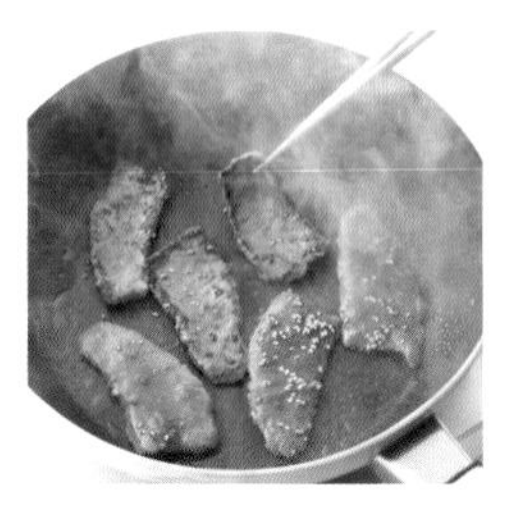

❻ 在紅葉萵苣上放青紫蘇、牛肉、豌豆苗、泡菜等，包起來享用。

1人分340kcal／烹調時間15分鐘

香草雞

讓帶骨雞腿肉染上香草的香氣，
以平底鍋煎至金黃即可完成。
香草也可依個人喜好加入迷迭香、
百里香等。

●材料（2人分）
雞腿肉（帶骨）…2支（530g）
薑…（小）½段
鹽…⅔小匙
胡椒…少許
A
- 白酒…1大匙
- 檸檬汁…1小匙
- 橄欖油…1大匙

巴西里（切末）…1大匙
月桂葉（請參照P.37）…1片
番茄…（小）1顆
檸檬（切成半月形）…2片

❶ 將雞腿沿骨頭劃開，可使其更容易熟透。薑去皮後切絲，皮先留著備用。

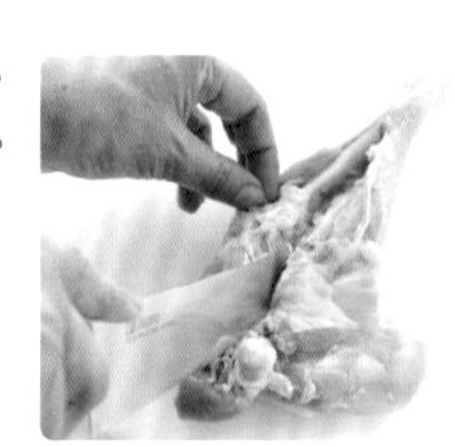

❷ 在烤皿（或調理盆）中放入雞肉，灑入鹽、胡椒以手搓揉抹勻。按順序放入A，加入巴西里、薑絲以及薑皮，再將月桂葉撕碎放入。全部攪拌均勻後，靜置約30分鐘醃漬入味。

訣竅 先用鹽、胡椒調味後再加入白酒、檸檬汁、橄欖油，會更容易入味。最後再加入香草增添風味。

❸ 將雞肉的雞皮朝下放入平底鍋中，開中火煎約5～6分鐘。由於醃漬時已放入橄欖油，所以鍋中不放油也無妨。待煎上色後翻面，接著再煎約5分鐘。

❹ 將番茄去蒂後切成半月形。將❸盛盤後，擺上番茄與檸檬。

1人分400kcal／烹調時間20分鐘
扣除醃漬雞肉的時間。

用鹽、白酒、
橄欖油、
香草等
充分醃漬食材。

印度烤雞

這道將以優格等醃漬過的雞肉
放入稱為「Tandoor」的窯中烤製的印度烤雞＊，
換成用平底鍋製作的簡化版，則富含溫和的咖哩味哦。

＊又音譯：唐多里烤雞。

●材料（2人分）

雞腿肉…（小）2片（400g）

A
- 純優格（無糖）…½杯
- 咖哩粉…1大匙
- 橄欖油…1大匙
- 鹽…1小匙

茄子…3顆（200g）

沙拉油…1大匙

鹽…少許

❶ 將雞肉上多餘的脂肪去除，接著淺淺劃上4～5刀，將筋切斷（請參照P.62）。在調理盆中放入A攪拌混合，再放入雞肉充分沾勻。靜置醃漬20～30分鐘，途中記得上下翻面一次。

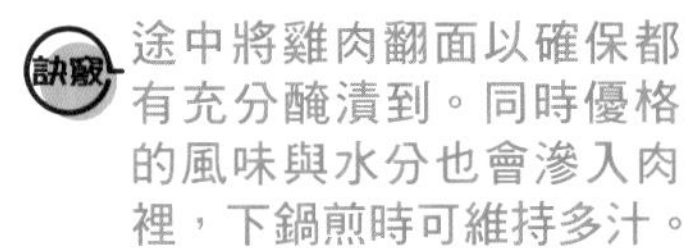

❷ 將茄子的蒂頭切除後，把皮削成條紋狀，剖半後切段。在平底鍋中放入沙拉油以中火預熱，將茄子下鍋翻炒，待茄子都沾上油後蓋鍋蓋，以小火半蒸半煎約3分鐘。待茄子軟化後關火，取出撒上鹽。

❸ 將❷的平底鍋用紙巾擦過，將雞肉雞皮朝下並排下鍋。開中火，蓋上鍋蓋半蒸半煎約4～5分鐘。待煎上色後翻面，同樣再煎3～4分鐘。盛盤後擺上茄子。

1人分560kcal／烹調時間20分鐘

扣除醃漬雞肉的時間。

味噌醃豬排

以保鮮膜包裹，使用少量味噌即可製作。

使用保鮮膜即可輕鬆製作的味噌醃豬排。加入薑、蒜後更添風味的味噌，可以更密實地滲入豬肉中。

●材料（2人分）
豬里肌肉（炸豬排用）
…2片（230g）
A
- 味噌…2～3大匙
- 薑（磨泥）…½小匙
- 蒜頭（磨泥）…少許
- 酒…1大匙

沙拉油…½小匙
茗荷甘醋漬*…4個

＊將4個茗荷縱切對半後灑上1小匙鹽，以熱水煮1～2分鐘後瀝乾，淋上甘醋（以⅓杯醋、1大匙砂糖、少許鹽、2大匙水混合而成）再放涼（易於製作的量）。也可使用市售的嫩薑甘醋漬等。

❶ 在豬肉的瘦肉與脂肪間劃上4～5刀將筋切斷（請參照P.22）。

❷ 在調理盆中放入A的味噌，再加入剩下的材料拌勻。

①

②

❸ 拉一段保鮮膜，將½分量的❷以矽膠刮刀抹開成2片豬排的大小。將豬肉排於其上再塗剩下的❷（上圖①）。將保鮮膜的上下、左右摺起，將豬肉緊緊裹住（上圖②）。

訣竅 薄薄地塗上味噌後再以保鮮膜包裹，即使只使用少量味噌也能充分入味。

❹ 將❸放入鐵盤中，於冰箱中靜置6小時～2晚。

❺ 在豬肉下鍋前30分鐘從冰箱中拿出，恢復常溫。以刮刀將表面的味噌刮除。

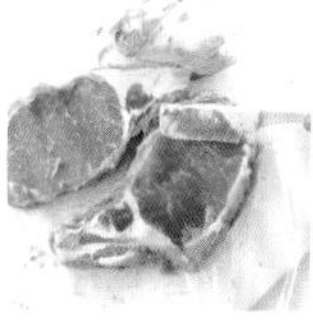

❻ 在平底鍋中放入沙拉油以中火預熱，將豬肉並排下鍋。拿一個稍小於平底鍋的平坦鍋蓋，直接壓在肉上煎約2分鐘，轉小火煎約3分鐘。翻面後同樣蓋上鍋蓋，以中火煎約1分鐘，再轉小火煎約2分鐘。

❼ 將豬排切成方便食用的大小，盛盤後再擺上茗荷甘醋漬。

1人分330kcal／烹調時間20分鐘

扣除醃漬豬肉與恢復常溫的時間。

一開始就加入調味料

肉類燉煮料理通常都會在開火後才進行調味。不過若是肉燥蓋飯，一開始就加入調味料充分調味後再開火則是美味的訣竅。

雞肉肉燥蓋飯

還留著少許湯汁、口感濕潤的雞肉肉燥，
加上鬆軟軟的炒蛋。
與白飯一同拌勻，
調和成了極品美味！

● 材料（2人分）

雞絞肉…200g

A
- 醬油…3大匙
- 酒…2大匙
- 味醂…2大匙
- 砂糖…1½大匙
- 水…3大匙

薑（磨泥）…1小匙

炒蛋
- 蛋…3顆
- 沙拉油…½大匙

熱白飯…2碗分

紅薑（市售／薑絲）…適量

❶ 在小鍋中放入絞肉、A與薑，用4～5根筷子一起攪拌混合。

訣竅 在開火前加入調味料事先拌勻，絞肉就不容易變硬結塊，也能確實入味。將筷子合在一起拿可以較快攪開。

❷ 開中火，一邊不斷攪拌一邊煮。

❸ 待肉變色散開後，蓋上鍋蓋以小火煮約8分鐘。煮到剩少許湯汁即可。

❹ 在調理盆中將蛋打散。在平底鍋中放入沙拉油以中火預熱，將蛋液倒入後大幅攪拌，將蛋煎至半熟狀。

❺ 將白飯盛碗後放上❹，淋上❸後再放上紅薑。

1人分640kcal／烹調時間15分鐘

用4～5根筷子
將調味料
與食材攪拌均勻後
再開火。

用沾醬或醬汁來收尾

沾醬或醬汁可延伸出更多享用肉類料理的方式。就算只是簡單將肉煎過，只要在完成時加入調味料，就能變成一道佳餚。

照燒雞胸肉

用雞胸肉製作的清爽風味照燒雞。
斜切成小片可以讓肉更容易熟，
也能充分沾附醬汁。

●材料（2人分）
雞胸肉…1片（250g）
太白粉…適量
豌豆…8枚（70g）
醬汁
- 酒…2大匙
- 味醂…2大匙
- 醬油…1½大匙
- 砂糖…1小匙
- 薑汁…½小匙

沙拉油…1大匙
芥末…少許

肉一熟透，
就迅速淋上醬汁
可呈現光澤感。

❶ 將雞肉縱切對半，再以菜刀斜切成1cm厚（斜切成片／請參照P.62）。薄薄灑上一層太白粉。

❷ 將豌豆的蒂頭與硬絲去除。混合好醬汁的材料備用。

❸ 在平底鍋中放入沙拉油以中火預熱，將雞肉下鍋。豌豆放於雞肉四周，煎約2分鐘。翻面後以同樣方式繼續煎，蓋上鍋蓋，以小火半蒸半煎1～2分鐘。

❹ 將豌豆取出後關火，再將事先混合好的醬汁以劃圈方式淋入（上圖左）。開小火，搖動平底鍋讓醬汁沾勻食材（上圖右）。

訣竅 一邊前後搖動一邊熬煮醬汁就能迅速沾勻食材，呈現光澤感。

❺ 盛盤後點上芥末，再擺上豌豆。

1人分380kcal／烹調時間15分鐘

檸香煎雞柳

不用切就直接下鍋煎，
可享受雞里肌的鮮美滋味與口感。
有著檸檬鮮明酸味的醬汁
爲香煎料理帶來清爽滋味。

●材料（2人分）
雞里肌…4條（200g）
黑芝麻…少許
麵粉…適量
青椒…3顆
奶油…½大匙
檸檬汁…1大匙
檸檬（切片／去皮）…2片
鹽…適量
沙拉油…適量

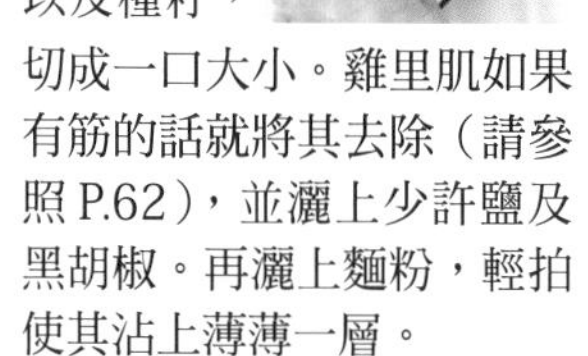

❶ 將青椒縱切對半後，去除蒂頭以及種籽，切成一口大小。雞里肌如果有筋的話就將其去除（請參照P.62），並灑上少許鹽及黑胡椒。再灑上麵粉，輕拍使其沾上薄薄一層。

❷ 在平底鍋中放入½大匙沙拉油以中火預熱，再放入青椒大火快炒。待炒軟後灑入少許鹽，關火後取出。

❸ 稍微沖洗一下❷的平底鍋後擦去水分，放入1大匙沙拉油以中火預熱，再將雞里肌並排下鍋。煎約3分鐘後翻面再煎2分鐘。

❹ 關火後放入奶油，待融化後再加入檸檬汁，搖動平底鍋使其混合。

訣竅 等奶油融化後再加入檸檬汁。將奶油與檸檬汁充分混合，就能做出滑順可口的醬汁。

❺ 將雞里肌盛盤，擺上檸檬與青椒，再淋上平底鍋中剩下的醬汁（檸檬醬汁）。

1人分230kcal／烹調時間15分鐘

將牛奶煮至濃稠，再以芥末醬帶出風味。

法式芥末醬煎豬排

煎好的豬排再添加牛奶，煮至濃稠的醬汁中，更充滿了香煎豬排的美味。用手邊的材料即可製作。

● 材料（2人分）

豬里肌肉（炸豬排用）…2片（230g）
四季豆…16～18根（100g）
麵粉…適量
沙拉油…1大匙
牛奶…⅓杯
法式芥末醬…1小匙
鹽…適量
胡椒…適量

❶ 豬肉下鍋前30分鐘先從冰箱中拿出恢復常溫。四季豆去蒂後切成一半長。

❷ 在豬肉的瘦肉與脂肪之間劃4～5刀將筋切斷（請參照P.22）。在兩面抹上鹽、胡椒各少許，再灑上麵粉，輕拍使其沾上薄薄一層。

❸ 在平底鍋中放入沙拉油以中火預熱，將豬肉並排下鍋，煎約2分鐘。途中加入四季豆快炒。將肉翻面再煎2分鐘，蓋上鍋蓋，以小火半蒸半煎3～4分鐘。關火後取出四季豆，灑上鹽備用。

❹ 將❸的平底鍋再次開小火，豬肉不用起鍋，直接倒入牛奶煮至變濃稠後，灑入鹽、胡椒各少許。關火後放入法式芥末醬，攪拌使其融化。

訣竅 藉由豬肉所沾上的麵粉來增加牛奶的濃稠度。最後再放入芥末醬添加風味。請充分攪拌均勻避免結塊。

❺ 將豬肉盛盤，淋上平底鍋中剩下的醬汁（法式芥末醬汁），再擺上四季豆。

1人分410kcal／烹調時間20分鐘
扣除將豬肉恢復常溫的時間。

灑上起司增添濃郁滋味

將披薩用起司放在肉上再半蒸半煎，可為料理增添濃郁奶香風味，以及適中的鹹味。融化後的濃稠起司也讓肉的美味大大提升。

披薩風千層豬排

用層層鋪平的豬肉取代披薩餅皮。
再用洋蔥與小番茄創造出類似披薩醬的滋味。

●材料（2人分）
豬腿肉（薄切）…200g
洋蔥…（小）½顆（80g）
小番茄…6顆
沙拉油…少許
披薩用起司…80g
巴西里（切末）…2大匙
鹽…適量
胡椒…適量

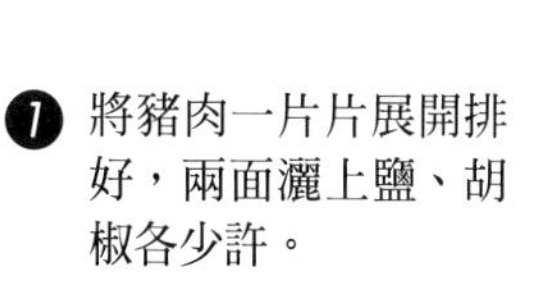

❶ 將豬肉一片片展開排好，兩面灑上鹽、胡椒各少許。

❷ 將洋蔥沿著纖維切成細絲，小番茄去蒂後橫切成2～3等分。

❸ 在平底鍋中塗上薄薄一層沙拉油，一片片鋪進豬肉。肉與肉之間稍微重疊，將平底鍋底部鋪滿，不要留下空隙。

❹ 將洋蔥絲灑在豬肉上，再擺上小番茄後灑入鹽、胡椒各少許。再鋪上披薩用起司，然後灑入巴西里末。

①

②

❺ 將❹的平底鍋開大火煎2～3分鐘（上圖①）。等邊緣部位煎得酥脆之後，再蓋上鍋蓋（上圖②），轉小火半蒸半煎3～4分鐘。待起司完全融化成濃稠狀即完成。

訣竅 一開始就用大火來煎鍋底的豬肉。檢查邊緣部分是否煎好後，再蓋上鍋蓋讓起司融化。

❻ 將鍋鏟伸到披薩豬排下方將其鏟起取出。盛盤後隨喜好切成數等分。

1人分360kcal／烹調時間15分鐘

將食材全數放入後
先開大火。
待肉煎好後，
再以小火融化起司。

泡菜豬肉起司燒

香辣的韓式泡菜與充滿奶香的起司出乎意料地搭。
覆蓋在表面的絲滑起司還能讓豬肉維持多汁。

●材料（2人分）
豬里肌肉（炸豬排用）
…2片（230g）
生香菇…4朵
白菜泡菜…80g
披薩用起司…60g
胡椒…少許
沙拉油…1大匙
巴西里（切碎）…少許
鹽…適量

❶ 豬肉下鍋前30分鐘先從冰箱拿出來恢復常溫。劃上4～5刀將筋切斷（請參照P.22），在兩面灑上少許鹽與胡椒。將香菇蒂頭較硬部分切除後縱切對半。泡菜切成寬1cm的大小。

❷ 在平底鍋中放入沙拉油以中火預熱，將豬肉並排下鍋。周圍放入香菇輕輕翻炒約2分鐘。將豬肉與香菇翻面後再煎1分鐘。

❸ 關火後在香菇上灑少許鹽，在豬肉上頭放上泡菜、起司後灑點巴西里。蓋上鍋蓋以小火半蒸半煎4～5分鐘。

訣竅 只需煎過豬肉的表面即可放上泡菜與起司，再以小火將豬肉中央煎熟，並將起司融化。

1人分490kcal／烹調時間15分鐘
扣除將豬肉恢復常溫的時間。

雞柳起司燒

脂肪少且滋味清爽的雞里肌。
灑上起司來煎的話可增添濃郁滋味，並且讓肉不易變柴。

●材料（2人分）
雞里肌…4條（200g）
披薩用起司…80g
鹽…⅓小匙
胡椒…少許
沙拉油…1小匙
巴西里（切末）…少許

❶ 將雞里肌的筋去除（請參照P.62），從中剖開成一半厚度。兩面均勻灑上鹽、胡椒。

❷ 在平底鍋中放入沙拉油以中火預熱，將雞里肌並排下鍋。煎至上色後翻面，暫時先關火。灑上披薩用起司與巴西里。

訣竅 先煎好一面後翻面，馬上放上起司半蒸半煎。因為雞里肌較薄，所以起司融化時就代表肉也煎好了。

❸ 蓋上鍋蓋，以小火半蒸半煎約3～4分鐘至起司融化成濃稠狀。

1人分280kcal／烹調時間10分鐘

趁熱進行 調味與醃漬

趁肉剛煎好或剛煮好的時候，馬上淋醬汁或調味料的話，調味料會在冷卻期間入味，便可做出味道有深度的料理。

甜辣雞翅

煎得酥脆的雞皮
充分吸收了甜辣的醬汁，
不論是當作下酒菜
或是便當配菜都十分推薦！

●材料（2人分）
雞翅…6支（360g）
A
- 醬油…1大匙
- 酒…½大匙
- 味醂…½大匙
- 砂糖…½大匙
- 辣椒粉…少許

沙拉油…1小匙
白芝麻…1小匙

❶ 從關節處下刀將雞翅前端切開（請參照P.62）。肉較厚的部分則在兩面各劃上幾刀使其更容易入味。

❷ 在大調理盆中放入A攪拌混合備用（醬汁）。

❸ 在平底鍋中放入沙拉油以中火預熱，將雞翅並排下鍋，再以略小於平底鍋的平坦鍋蓋直接蓋在雞翅上煎約5分鐘。拿開鍋蓋將雞翅翻面後，再次蓋上鍋蓋，繼續煎雞翅約4～5分鐘至表皮酥脆。

❹ 將❸趁熱放入❷的調理盆中。

訣竅 將平底鍋剛起鍋的肉直接放入事先混合好的醬汁中，趁肉還沒有冷卻，在熱騰騰的狀態下，較容易沾附醬汁。

❺ 輕輕攪拌混合使醬汁沾勻，然後直接靜置放涼入味。灑上芝麻後盛盤。

1人分260kcal／烹調時間15分鐘
扣除將雞翅沾裹醬汁後靜置的時間。

將事先準備好的醬汁
趁熱沾上
剛煎好起鍋的雞翅。

雞肉南蠻漬

以清爽的醬油風味醬汁，
將用平底鍋煎得金黃的雞肉
仔細醃漬入味。

●材料（2～3人分）
雞腿肉…1片（250g）
蔥…1½根（150g）
A
- 水…⅓杯
- 醬油…3大匙
- 醋…3大匙
- 味醂…1大匙
- 紅辣椒…1根

沙拉油…適量

將蔥、雞肉依序下鍋煎，煎好後再加入醬汁。

❶ 將蔥切成3cm長，兩面淺淺劃上間隔3～4mm的刻痕。辣椒去籽後切成5mm小片。雞肉去除多餘脂肪（請參照P.62）後切成3～4cm小塊。

❷ 在大調理盆中放入A攪拌混合備用。

❸ 在平底鍋中放入⅔大匙沙拉油後以中火預熱，將蔥下鍋煎。拿一個小於平底鍋的鍋蓋直接蓋於蔥上，使其緊貼鍋底，煎約2～3分鐘至蔥變軟。關火後取出放入❷的調理盆中。

❹ 用紙巾迅速擦過平底鍋後，加入1小匙沙拉油以中火預熱。將雞肉雞皮朝下並排下鍋煎約3分鐘。翻面後再煎3分鐘，轉小火再煎約2分鐘。

❺ 關火後取出雞肉，放入❸的調理盆中攪拌混合，靜置約30分鐘放涼使其入味。

訣竅 料理冷掉後會比較難入味，需按照煎的順序放入醬汁中。

1人分230kcal／烹調時間50分鐘

韓式水煮牛肉沙拉

用韓式辣味醬汁充分拌勻的水煮牛肉，與韭菜及洋蔥等別具風味的生菜堪稱絕配。

●材料（2人分）
牛肉碎片…200g
A
- 芝麻油…2大匙
- 醬油…1大匙
- 鹽…⅕小匙
- 胡椒…少許
- 辣椒粉…少許

B
- 薑皮…約1段分
- 蔥綠…適量

紅葉萵苣…（小）½顆（150g）
洋蔥…（小）½顆（80g）
韭菜…30g
白芝麻…1小匙
辣椒粉…少許

❶ 在大調理盆中放入A攪拌混合備用。

❷ 在放滿水的鍋中放入B後開中火，煮滾後將牛肉一次放入，一邊攪拌一邊煮。待肉變色後以篩網撈起瀝乾。

訣竅 煮好的牛肉如果放入冷水中冷卻，會變得難以入味，所以用篩網撈起瀝乾。如果留有水分會讓調味變淡，要確實瀝乾哦。

❸ 趁熱將牛肉放進❶的調理盆中攪拌混合。放涼後再放入冰箱冷藏。

❹ 將紅葉萵苣縱切成2～3等分，再切成3cm寬的大小。洋蔥沿纖維切成細絲，韭菜切成3cm長。以上材料請泡冷水約5分鐘使其爽脆，撈起後擦去水分。

❺ 將❹的蔬菜盛盤後放上❸的牛肉，灑上白芝麻與辣椒粉即完成。

1人分440kcal／烹調時間15分鐘
扣除將牛肉放進冰箱冷卻的時間。

挑戰製作 鹽醃豬肉

鹽醃豬肉是以鹽巴醃漬過的豬肉。只要抹上鹽後靜置 1 ～ 2 天，鹽味就會滲入，使多餘水分消失，將美味濃縮其中。
不易跑出雜質，也方便料理。
由於便於事先準備，所以十分推薦用來招待客人。

鹽醃豬肉

●材料
(易於製作的分量)
豬肩胛肉(塊)…400g
鹽…2小匙
(肉重量的3%)

❶將豬肉以綁肉繩綑起，並整理好形狀（請參照P.22）。將肉放入夾鏈保鮮袋後加入鹽。

❷從保鮮袋外側用手將鹽均勻搓揉於肉上。

❸將袋中的空氣擠出之後封好袋口，靜置於冰箱 1 ～ 2 天。

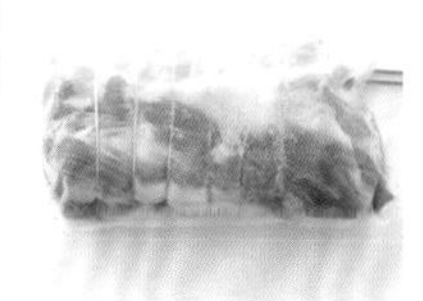

◉使用時
下鍋前 30 分鐘將鹽醃豬肉從冰箱中拿出來恢復常溫，並以水稍微沖洗過。

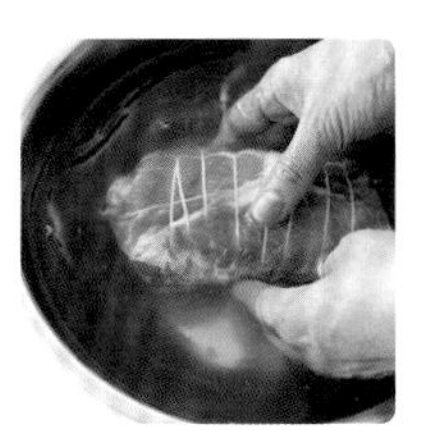

生菜包鹽醃豬肉

將水煮鹽醃豬肉與佐料以及泡菜等，
一同包入白菜中享用。
煮肉的湯汁中含有鹽味，
也可以作爲高湯使用。

●材料(4人分)
鹽醃豬肉(參照上方＊1)…整條
A 酒…3大匙
A 蔥綠…1根分
A 薑皮…½段分
白菜…8片
茼蒿…½棵
蔥…½根
白菜泡菜…200g
苦椒醬＊2 (喜好的量)…適量

＊1 恢復常溫後以水沖洗過。
＊2 又稱為紅辣椒醬的發酵調味料，用於韓式料理中。具備辣味與甜味。

❶ 將鹽醃豬肉放入小鍋，倒入 2 ～ 3 杯水（高度浸到肉的⅔），加入 A 後開中火。

❷ 煮沸後將火轉小並撈去浮沫，蓋上鍋蓋以小火煮約 20 ～ 30 分鐘。途中將豬肉上下翻面一次。關火後先不開蓋，直接靜置冷卻。

❸ 將白菜放入整鍋熱水中煮軟，鋪於篩網上放涼，較大片的切成對半。將茼蒿的葉子摘下，蔥縱切對半再斜切成薄片，泡水約 3 分鐘後撈起瀝乾。將泡菜較長處切成 3 ～ 4cm 寬的小段。

❹ 將❷鹽醃豬肉上的綁肉繩解下，切片成 4 ～ 5mm 厚。將豬肉盛盤後擺上❸與苦椒醬。在白菜上放鹽醃豬肉、泡菜、其他蔬菜、苦椒醬，包起食用。

1人分 300kcal／烹調時間45分鐘
扣除將鹽醃豬肉放涼的時間。

鹽醃豬肉火上鍋*

食材都切成塊狀後
細細燉煮。
鹽醃豬肉的美味
讓這道料理清爽而有深度。

＊原文「Pot-au-feu」，一種法式牛肉蔬菜燉湯。

●材料（4人分）

鹽醃豬肉（請參照P.84*）…整條
馬鈴薯…（小）4顆（400g）
洋蔥…2顆（400g）
紅蘿蔔…（小）2根（240g）
＊恢復常溫後以水沖洗過。

花椰菜…½棵（300g）
A
- 白酒…3大匙
- 月桂葉（請參照P.37）…1片
- 胡椒…少許

芥末籽醬…適量

❶ 將鹽醃豬肉放入鍋中，倒入8杯水開中火。煮滾後將火轉小撈去浮沫，加入A，蓋上鍋蓋以小火煮約20分鐘。

❷ 將馬鈴薯去皮，泡水約10分鐘後瀝乾。將洋蔥縱切對半、紅蘿蔔切成兩段後，較粗的部分再縱切對半。花椰菜切成小株。

❸ 在❶中放入馬鈴薯、洋蔥及紅蘿蔔，煮滾後轉中火繼續煮15～20分鐘。待蔬菜變軟後，放入花椰菜，再煮2～3分鐘。

❹ 將鹽醃豬肉上的綁肉繩解下，切成方便食用的大小。將鹽醃豬肉與蔬菜盛盤，淋湯汁，配上芥末籽醬享用。

1人分380kcal／烹調時間50分鐘
扣除將鹽醃豬肉恢復常溫的時間。

牛肉筆記

富含獨特美味與風味的牛肉，可說是大餐的代名詞。
依用途選擇合適的肉品，或是巧妙運用碎肉片，
來做出常備的美味小菜吧。

◉部位的特徵

後腿腱肉

牛後腿根部到臀部之間的肉，屬於脂肪少的紅肉。又可分為「內側肉」與下方的「腱子心」，外側則是「後腿股肉」(又稱和尚頭)。內側肉的脂肪非常少，肌理細緻且柔軟是腱子心的特徵。多用於煎、烤及燉煮。後腿股肉較硬，因此大多切成薄片，可水煮、拌炒、燒烤等，用途廣泛。

涮涮鍋用

燒烤用

塊狀

沙朗 (Sirloin)

從背部正中央到靠近腰部位的肉(後腰脊部肉)。肌理細緻柔軟，稱得上是肉質最好的部位之一。以做成牛排廣為大眾熟悉。進口產品中常見的是瘦肉較多的類型，價格平易近人。整體分布了細密脂肪(油花)的霜降牛肉則非常柔軟，脂肪在口中化開時可品嚐到獨特的口感。

瘦肉類型

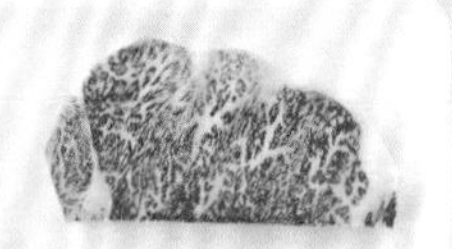

霜降類型

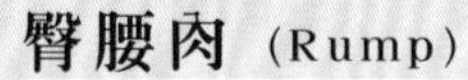

臀腰肉 (Rump)

腰部連接沙朗部位的肉。脂肪較少的紅肉，柔軟且風味佳是其特色。多用於牛排及燒烤等。

腹脅肉

腹部的肉，又可分為靠近肩部的「前胸／腹胸肉」與其後方的「腰脊肉」。瘦肉與脂肪層層交疊，肌理較粗硬但有濃厚風味。大多切塊用於燉煮，或薄切成碎肉片等。多用於燉菜、燒肉等。牛五花也是腹脅肉的一種。

菲力 (Tenderloin)

位於沙朗內側細長部分的肉（牛里肌）。肌理細緻且極為柔軟，脂肪少，滋味清爽。須注意加熱過度會變硬。多用於牛排與炸牛排等。

肋眼 (Rib Eye)

背脊肉中連接肩胛肉的部位。肌理細緻、肉質佳。多用於燒烤、牛排及壽喜燒。

肩肉

前腿根部連接處的肉。由於經常運動到因此肉質有點硬，脂肪少。滋味鮮美且濃厚。多用於燉煮料理等。

肩胛肉

背脊肉中靠近肩膀的部位。筋較多但脂肪適中且風味佳。多用於涮涮鍋、壽喜燒及燒烤等。

牛腱

牛腿部位的肉。雖然筋多且硬，但只要長時間燉煮就會變得柔軟。多用於燉煮或湯品。

挑選方法

◎鮮紅且有光澤的

新鮮牛肉整體帶有光澤、肌理細緻，瘦肉部分爲鮮艷的紅色、脂肪爲白色或乳白色。挑選瘦肉與脂肪部分分界清楚者佳。

◉其他種類

牛碎肉、牛肉碎片

將整備牛肉形狀時切下的部分薄切集結而成的肉品。通常混合了各個部位、形狀，以及大小各異的肉片，有時也標示為「散切肉」。實際內容物依店家而有所不同，有時也會混合進高級的部位，十分划算。

燉煮用

將適合燉煮或熬製咖哩的部位切成小塊。大多混合了腹脅肉、後腿腱肉及牛腱等。

★牛肉通常以用途標示

牛肉大多會以「壽喜燒用」、「涮涮鍋用」、「燒烤用」、「燉煮用」等不同用途作為標示。會依不同料理適合使用的部位，切成適中的厚度，十分方便。可從其特徵看出所使用的部位，根據部位名稱來挑選喜愛的肉品。

絞肉筆記

★

將肉攪碎成細小顆粒狀的絞肉，易熟所以適合快煮料理，
或混合捏製成形來增加分量。價格較低，是可以節省家庭開支的食材。

◉絞肉的種類

豬絞肉

單將豬肉絞碎而成的肉品。柔軟且味道有深度，適合用於各類料理。肥肉部分較多者容易散開，建議用於拌炒料理。

雞絞肉

單將雞肉絞碎而成的肉品。可享受到雞肉高雅的風味。顏色較白且味道較淡，適合用於清爽的日式料理。

牛絞肉

單將牛肉絞碎而成的肉品。具備牛肉特有的鮮味，水分較少是其特徵。多用於漢堡排或燉煮料理。

混合絞肉

混合數種肉類絞碎而成的肉品。最常見的為牛豬混合絞肉，可品嚐到牛肉的鮮味與豬肉入口時的美味。混合比例依店家而有所不同。多用於漢堡排、肉捲，以及肉醬、咖哩等燉煮料理。

★若有剩就要冷凍保存

絞肉容易受損所以建議冷凍保存。可用保鮮膜分裝成單次使用的分量，放入夾鏈保鮮袋中冷凍。使用時可直接以冷凍狀態加熱，或自然解凍。建議保存期限為 2 ～ 3 週。

❶展開保鮮膜並取 100g（或易於使用的量）的絞肉平鋪於其上，壓薄後包起。壓薄的話會比較好解凍。

❷接著放入夾鏈保鮮袋中，再放入冷凍庫保存。

挑選方法

◎盡可能選擇新鮮的

絞肉與空氣的接觸面積較大，容易受損，以選擇新鮮的、並在當天用完爲基本原則。白色部分爲肥肉，肥肉多者風味濃厚、肥肉少者滋味清爽，可依照個人喜好選擇。

組合搭配的

藉由將肉與其他食材組合搭配，
可進一步延伸料理的美味。
根據組合方式不同，可以讓味道變清爽，
或是讓色彩變得繽紛，
讓人體驗到肉料理的嶄新魅力。
此章節將介紹如何活用肉類的美味，
同時透過相乘效果來增添味道深度的訣竅。

用薄切肉片製作肉捲

用肉片捲起蔬菜或海藻做成的肉捲，可以同時享受肉的分量感以及包裹於其中的食材之魅力，是讓人吃了還想再吃的料理。

蔬菜豬肉捲

將紅蘿蔔切絲再料理，
不需要事先煮過便可更快熟透，
還可以充分享受口感。

●材料（2人分）
豬腿肉（薄切肉片）…6～8片（200g）
太白粉…適量
紅蘿蔔（縱切對半）…½根分（70g）
細蔥…50g
沙拉油…1大匙
柚子醋醬油…適量

❶ 紅蘿蔔維持原來長度切成細絲。細蔥切成16cm長。

❷ 將3～4片豬肉並排成寬約14～15cm，在表面灑上少許太白粉，在靠近自己這端橫放上½分量的紅蘿蔔絲與細蔥。

訣竅 灑上太白粉後再放上蔬菜，這樣肉就不容易散開，可以捲進滿滿蔬菜。

❸ 一邊壓著蔬菜一邊由內向外將肉捲起。

❹ 捲好後用牙籤像縫合般插於肉捲上。其餘材料也採同樣做法。

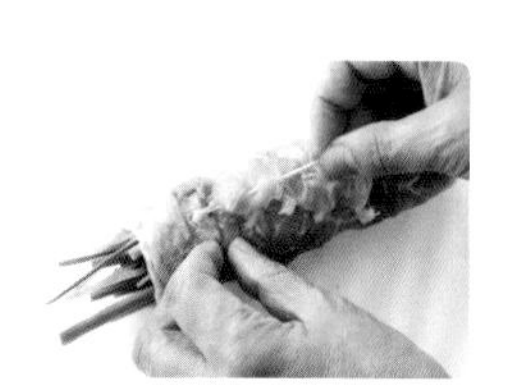

❺ 在平底鍋中放入沙拉油以中火預熱，將❹並排下鍋。一邊不斷翻動一邊煎至所有肉捲都上色後，蓋上鍋蓋以小火半蒸半煎約5分鐘。

❻ 將肉捲取出放涼，拔出牙籤後切成一口大小。將肉捲盛盤，搭配柚子醋醬油。

1人分290kcal／烹調時間20分鐘
扣除放涼的時間。

將3～4片豬肉片
並排增加寬度後，
就能捲入滿滿的
蔬菜。

海帶芽豬肉捲

用豬肉將海帶芽捲起，做成照燒口味。甜鹹的醬汁充分地滲入海帶芽中，超好吃！

● 材料（2人分）
豬腿肉（薄切肉片）…6片（120g）
海帶芽（含鹽）…50g*
沙拉油…1小匙
A
- 酒…1大匙
- 味醂…1大匙
- 砂糖…1小匙
- 醬油…1大匙

七味唐辛子…少許
太白粉…適量
＊泡開後約150g。

❶ 將海帶芽以水沖洗過後浸泡於水中約3分鐘，撈起後充分瀝乾。切成5～6cm長，將水擠乾。

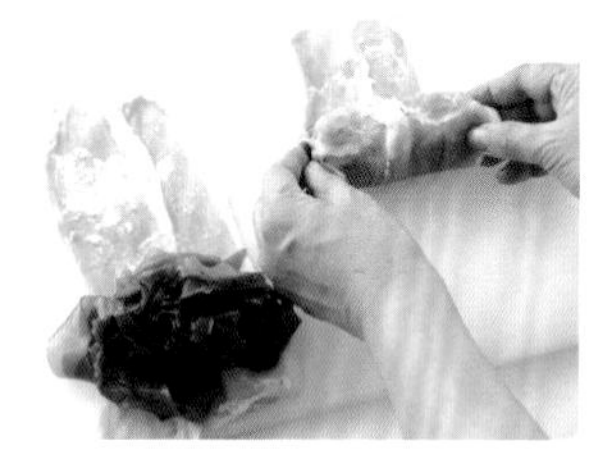

❷ 將豬肉片每2片為一組直排於砧板上，灑上薄薄一層太白粉。放上海帶芽後由內向外捲起。

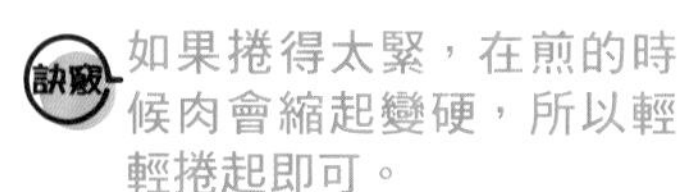
訣竅 如果捲得太緊，在煎的時候肉會縮起變硬，所以輕輕捲起即可。

❸ 將太白粉輕輕灑在肉的部分。

❹ 在平底鍋中放入沙拉油以中火預熱，將❸肉捲的收尾處朝下並排下鍋。一邊翻動一邊將全部煎至金黃。蓋上鍋蓋後轉小火，半蒸半煎約3分鐘。

❺ 將A按順序下鍋，一邊熬煮一邊將食材沾勻。待呈現光澤感後即可關火取出。將肉捲切成一口大小後盛盤，灑上七味唐辛子。

1人分 170kcal／烹調時間20分鐘

蘆筍肉捲

外頭金黃，中間軟嫩。
利用豬五花本身的油脂煎製而成。
也很適合當作搭配啤酒的小菜！

●材料（2人分）
豬五花肉（薄切肉片）*…6片（150g）
綠蘆筍…6根（250g）
鹽…⅓小匙
胡椒…少許
檸檬（切成半月形）…2片
＊盡可能選較長的。

❶ 將蘆筍靠近根部的地方切掉約3mm，用削皮刀削去下半部的皮。將豬肉片展開，兩面灑上鹽、胡椒。將每根蘆筍都捲上1片豬肉片。

訣竅 將肉片以螺旋狀捲上。

❷ 平底鍋中不放油，直接將❶並排下鍋以中火煎約2分鐘。待上色後翻面同樣再煎2分鐘。途中豬肉如果溶出過多脂肪，就用紙巾擦掉。煎好後切成一口大小盛盤，擺上檸檬。

1人分310kcal／烹調時間10分鐘

水煮蛋肉捲

用薄切肉片捲起水煮蛋後再沾上甜鹹的醬汁，
就變成一道分量十足的料理。也推薦用來作為便當菜。

●材料（2人分）
豬腿肉（薄切肉片）…6片（150g）
蛋（恢復常溫）…3顆
太白粉…少許
沙拉油…½大匙
A
- 酒…1大匙
- 味醂…1大匙
- 砂糖…1小匙
- 醬油…1½～2大匙

水菜…150g

❶ 在小鍋中放入蛋，加水淹過蛋後開中大火煮滾，再轉中火煮約6～10分鐘至喜好的熟度。放入冷水中冷卻後剝殼。擦去水分後灑上太白粉。

❷ 豬肉片以每2片為一組鋪平，將水煮蛋捲起。

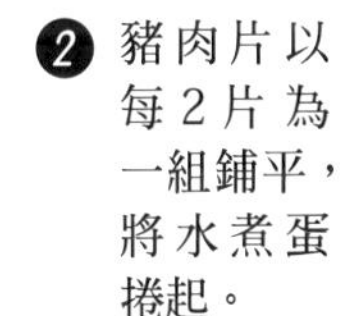

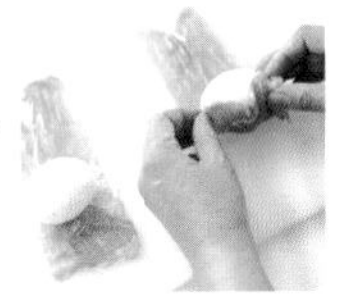

訣竅 像將水煮蛋包起來般捲起。

❸ 在平底鍋中放入沙拉油以中火預熱，將❷肉捲的收尾處朝下並排下鍋，不時翻動煎至上色。接著蓋上鍋蓋以小火再煎約3分鐘。將A依序放入，一邊熬煮一邊沾勻所有食材後關火。

❹ 將水菜切除根部後切成3～4cm長。將肉捲起鍋後縱切對半。在盤中鋪上水菜後將肉捲盛盤，再淋上平底鍋中剩下的醬汁。

1人分340kcal／烹調時間30分鐘

組合搭配的訣竅

將絞肉與豆腐或蔬菜混合

將絞肉與豆腐或蔬菜混合，滋味既清爽零負擔，
食材風味又豐富。分量感十足！

雞絞肉豆腐漢堡排

滋味清爽的雞絞肉與豆腐是絕配。
豆腐可充分發揮結合食材的作用，也讓漢堡排變得軟嫩多汁。

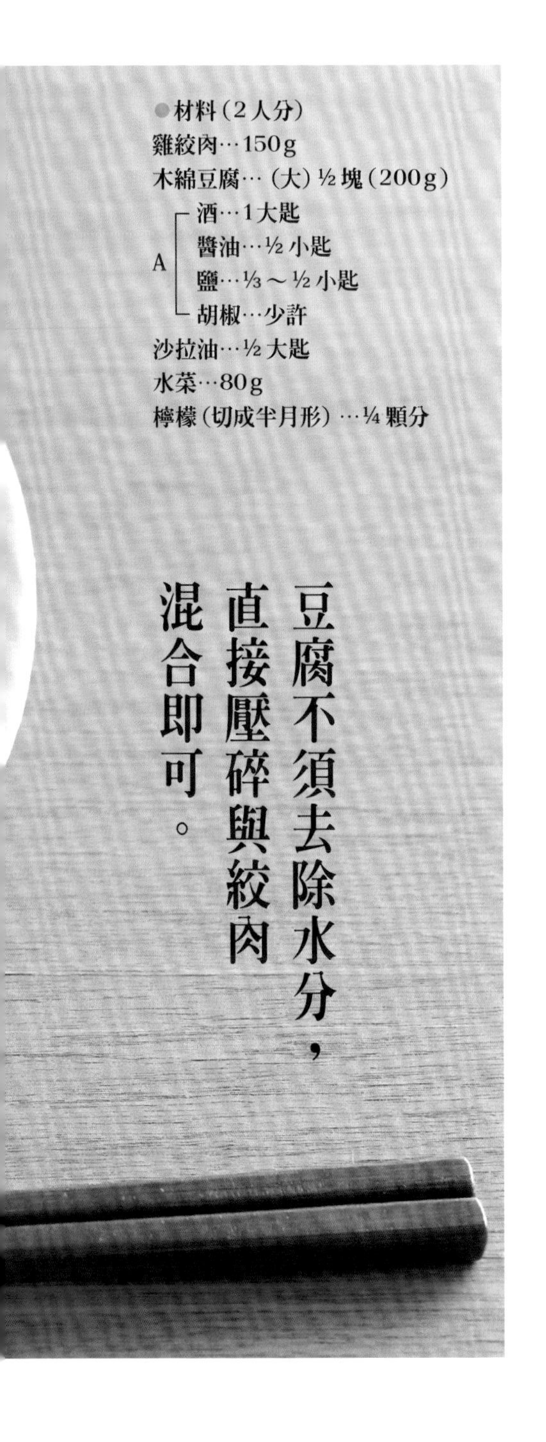

●材料（2人分）
雞絞肉…150g
木綿豆腐…（大）½塊（200g）
A
- 酒…1大匙
- 醬油…½小匙
- 鹽…⅓～½小匙
- 胡椒…少許

沙拉油…½大匙
水菜…80g
檸檬（切成半月形）…¼顆分

豆腐不須去除水分，直接壓碎與絞肉混合即可。

❶ 將豆腐放入調理盆中，以手捏成細碎狀。

❷ 在❶中放入絞肉、A（上圖左），以手攪拌至變得有黏性（上圖右）後分成2等分。

訣竅 將豆腐捏成細碎狀，再加入絞肉及調味料後，不但較容易混合，也易於塑型。

❸ 手沾濕後將❷捏成扁圓形。

❹ 在平底鍋中放入沙拉油以中火預熱，將❸並排下鍋。因為豆腐肉排較柔軟且易碎，所以要輕輕放入。煎約2～3分鐘至上色後，以鍋鏟輕輕翻面，繼續煎約2分鐘。蓋上鍋蓋轉小火半蒸半煎約3～4分鐘。

❺ 將水菜切除根部後切成3～4cm長。將❹盛盤，再擺上水菜與檸檬。

1人分240kcal／烹調時間15分鐘

將切碎的韭菜
與絞肉充分混合，
更添獨特風味。

雞絞肉韭菜丸子燒

雞絞肉混合韭菜，微辣口感恰到好處的雞肉丸。
事先細細調味餡料，更可品嚐到簡單清爽的滋味。

●材料（2人分）
雞絞肉…200g
韭菜…½棵（50g）
太白粉…⅔大匙
A ┌ 酒…1大匙
　│ 醬油…1小匙
　└ 鹽…⅓小匙
沙拉油…1小匙

❶ 將韭菜切成1cm小段。放入調理盆中灑入太白粉，以手攪拌混合。

灑些太白粉在韭菜上，這樣與絞肉攪拌混合時比較容易附著。

❷ 在另一個調理盆中放入絞肉，再加入A，以手攪拌至有黏性。加入❶繼續充分攪拌，然後分成6等分。手沾濕後將餡料搓成小圓盤形。

❸ 在平底鍋中放入沙拉油以中火預熱，將❷並排下鍋後煎約2分鐘。待上色後翻面，蓋上鍋蓋以中小火半蒸半煎約3分鐘。

1人分200kcal／烹調時間15分鐘

豬絞肉豆芽菜一口燒

將與豬絞肉等量的豆芽菜，一邊折斷一邊混入肉中。

在豬絞肉中放入豆芽菜，可充分享受清脆口感。
甜鹹滋味也十分適合當作便當菜。

●材料(2人分)
豬絞肉…200g
豆芽菜…1袋(200g)
太白粉…1大匙
A
- 酒…1大匙
- 醬油…1小匙
- 薑(磨泥)…1小匙

沙拉油…1大匙
B
- 酒…1大匙
- 味醂…2大匙
- 砂糖…½大匙
- 醬油…1½大匙

❶ 在豆芽菜上灑些太白粉，以手攪拌均勻。

❷ 在調理盆中放入絞肉、A，以手攪拌至有黏性。放入豆芽菜再充分攪拌混合後分成6等分。手沾濕將餡料捏成小圓盤形。

一邊用手握著豆芽菜啪擦地折斷，一邊混合，讓其均勻分布於肉餡中。

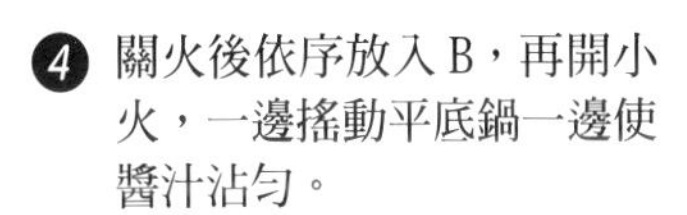

❸ 在平底鍋中放入沙拉油後以中火預熱，放入❷煎約2分鐘，翻面後同樣煎過。蓋上鍋蓋轉小火，半蒸半煎約3分鐘。

❹ 關火後依序放入B，再開小火，一邊搖動平底鍋一邊使醬汁沾勻。

1人分360kcal／烹調時間15分鐘

與蔬菜一起炒

肉類加上蔬菜的簡單熱炒，是可以輕鬆做好的方便料理。
炒的順序與調味的時機是提升美味程度的關鍵。

鹽炒大蔥牛肉

牛肉與蔥類十分搭配。這道菜加入了大量口味溫和的大蔥。
以清爽的鹽味來享受牛肉的美味。

●材料（2人分）
牛肉碎片…200g
大蔥…1棵（200g）
沙拉油…1大匙
A 酒…1大匙
　鹽…⅓小匙
　胡椒…少許
七味唐辛子…適量

❶ 將大蔥切段成3～4cm長，較硬的蔥白部分與較軟的蔥綠部分先分開。

❷ 在平底鍋中放入沙拉油以中火預熱，放入牛肉後迅速翻炒。

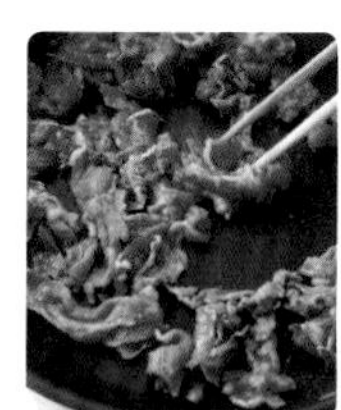

❸ 牛肉一變色就先放入蔥白炒約1分鐘。

訣竅 用筷子或木鍋鏟從底部大幅度翻炒，就能迅速拌炒在一起，水分比較不會積在底部，濺得到處都是。

❹ 加入大蔥的蔥綠部分，以大火快炒，依序加入A，充分攪拌混合。盛盤後依喜好灑上七味唐辛子。

1人分390kcal／烹調時間10分鐘

牛肉一變色，就將大蔥依蔥白、蔥綠的順序加入拌炒。

蠔油牛肉炒小松菜

將兩種食材分開炒，可使牛肉保持軟嫩；小松菜維持爽脆口感。
使用蠔油來調味，就能輕鬆享受道地的中式料理滋味。

● **材料**（2人分）
牛肉碎片…150g
小松菜…1棵（250g）
紅辣椒…1根
太白粉…2小匙
A 酒…1大匙
A 蠔油*…1大匙
A 胡椒…少許
沙拉油…適量

*以鮮蠔為原料做成的中式調味料。

❶ 將小松菜切成3等分長。紅辣椒斜切對半後去籽。在牛肉上灑些太白粉。

❷ 在平底鍋中放入沙拉油1大匙以中火預熱，再放入小松菜大火快炒。待菜都沾上油後加入2大匙水，蓋上鍋蓋以中火加熱30秒～1分鐘。關火取出。

❸ 將❷的平底鍋稍微擦拭後倒入1大匙沙拉油，以中火預熱後放入❶的牛肉、紅辣椒拌炒。

❹ 待牛肉變色後，依序加入A快炒，再將❷的小松菜放回，將食材與醬汁拌炒均勻。

訣竅 待牛肉炒熟、確實調味過後，再將小松菜放回，可以更襯托出味道。

1人分380kcal／烹調時間15分鐘

中式豬五花炒茄子

**豬五花肉的美味充分滲入茄子中。
甜鹹的醬油味讓這道料理十分下飯。**

●材料（2人分）
豬五花肉（薄切肉片）…200g
茄子…（大）4顆（360～400g）
薑…½段
紅辣椒…1根
沙拉油…1小匙
A 酒…1大匙
　砂糖…½～1大匙
　醬油…1½大匙

1. 將豬肉切成4～5cm長。薑切絲，紅辣椒斜切對半後去籽。茄子去蒂後，用削皮刀（或菜刀）直直削除3處皮，切塊成4等分。
2. 在平底鍋中放入沙拉油以中火預熱，將豬肉以中小火炒過。待脂肪溶出後，加入茄子轉中火拌炒。

訣竅 利用豬五花溶出的油脂來炒茄子，能讓豬肉的美味滲入其中，滋味更升級。

3. 待茄子吸附油脂後，蓋上鍋蓋轉中小火，一邊攪拌一邊再加熱4～5分鐘。
4. 茄子變軟後加入薑、紅辣椒快炒。依序放入A拌勻。

1人分460kcal／烹調時間20分鐘

味噌豬肉炒高麗菜

**將堪稱絕配的
豬肉與高麗菜組合，
增添帶有薑味的味噌風味。
豬肉使用燒肉用的厚切肉片，
分量十足。**

●材料（2人分）
豬五花肉（燒肉用）…200g
高麗菜…⅙顆（200g）
洋蔥…½顆（100g）
A 味噌…2大匙
　酒…1大匙
　砂糖…½大匙
　薑（磨泥）…1小匙
沙拉油…1小匙

1. 將高麗菜切成4～5cm的大小。洋蔥沿著纖維切成1cm寬細絲。將A攪拌混合備用。
2. 在平底鍋中放入沙拉油以中火預熱，將豬肉並排下鍋。煎至上色後翻面，將兩面都仔細煎好。溶出的油脂用紙巾擦去。

訣竅 燒肉用的五花肉片油脂較多，因此要將油脂擦掉後再將蔬菜下鍋炒。

3. 將洋蔥、高麗菜加入快炒，蓋上鍋蓋轉小火加熱約1分鐘。待蔬菜稍微變軟後，加入A，快速拌炒。

1人分450kcal／烹調時間15分鐘

薑絲牛肉炒水菜

將易熟的牛肉與水菜
以馬上就能完成的速度炒好。
再用薑爲料理添加風味。

●材料（2人分）
牛肉碎片…200g
水菜…200g
薑…（小）1段
沙拉油…1大匙
A ┌ 酒…1大匙
　│ 鹽…⅓小匙
　└ 胡椒…少許

❶ 將水菜的根部切除後，切成3～4長，薑切絲備用。

❷ 在平底鍋中放入沙拉油，以中火預熱，接著放入牛肉炒散。待牛肉變色後加入薑絲快炒，再依序放入A攪拌混合。

❸ 加入水菜後關火，迅速攪拌混合。

訣竅 最後再放入水菜和調味好的牛肉攪拌，可以讓味道更鮮明，同時更添口感。

1人分390kcal／烹調時間10分鐘

雞胸肉炒蒜苗

蒜苗可品嚐到類似蒜頭的香氣與獨特的口感。
滋味清淡的雞胸肉
特別適合搭配獨特的蔬菜。

●材料（2人分）
雞胸肉…（小）1片（200g）
蒜苗…1½棵（150g）
太白粉…1大匙
A ┌ 醬油…1大匙
　│ 砂糖…1小匙
　└ 胡椒…少許
酒…1大匙
沙拉油…適量

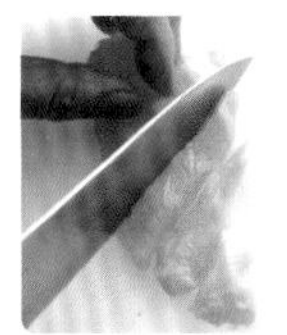

❶ 將蒜苗切成3～4cm長。以菜刀將雞胸肉斜切成1cm厚的薄片（斜切成片），再將薄片斜切成1cm寬的大小。灑上太白粉後備用。將A混合好備用。

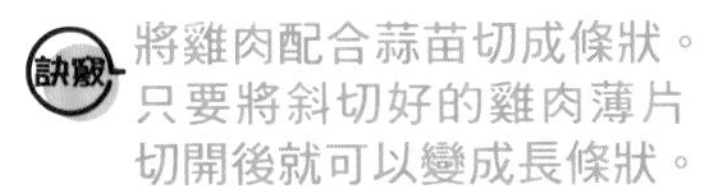

訣竅 將雞肉配合蒜苗切成條狀。只要將斜切好的雞肉薄片切開後就可以變成長條狀。

❷ 在平底鍋中放入½大匙沙拉油，以中火預熱，加入蒜苗快炒。接著加入2～3大匙水，蓋上鍋蓋以小火加熱1～2分鐘，關火後撈起瀝油。

❸ 將❷的平底鍋稍微沖洗後擦乾水分，放入1大匙沙拉油以中火預熱，再放入❶的雞肉拌炒。待肉變色後，蓋上鍋蓋以小火加熱約1分鐘。將❷的蒜苗放回鍋中，轉中火並灑入酒，再加入備好的A攪拌混合。

1人分340kcal／烹調時間15分鐘

將肉類加上蔬菜簡單燉煮

只用一種蔬菜加上肉類做成的簡單燉煮料理，
不僅容易製作，也能直接品嚐食材原味。

韓式牛肉燉白蘿蔔

牛肉的美味與蔥薑蒜的風味充分滲入白蘿蔔中。
具備辣度的甜辣滋味，不管配飯或配啤酒都很合適。

●材料（2～3人分）

牛肉碎片…150g
白蘿蔔…½根（600g）
沙拉油…1大匙
A
- 蔥（切末）…3大匙
- 薑（切末）…1小匙
- 蒜（切末）…1小匙
- 辣椒粉…½小匙

酒…3大匙
B
- 砂糖…1大匙
- 醬油…3～4大匙

白芝麻…少許

❶ 將白蘿蔔切段成7cm長，厚厚削去一層皮後縱切成4等分。

❷ 在平底鍋中放入沙拉油，以中火預熱，放入牛肉炒散。待肉變色後，放入白蘿蔔與A拌炒，再加入酒與1杯水。煮滾後將火轉小，撈去浮沫，接著蓋上鍋蓋以小火煮約20分鐘。

❸ 待白蘿蔔變軟後，依序放入B攪拌混合，再次蓋上鍋蓋煮約30分鐘，記得不時上下翻動一下。盛盤後灑上白芝麻。

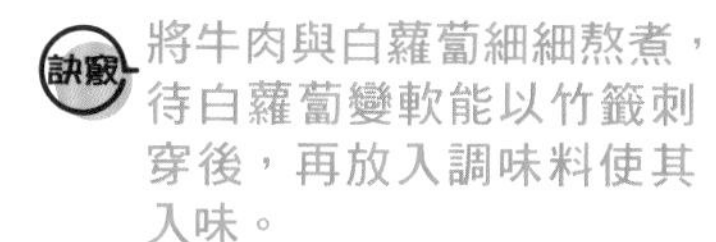

1人分260kcal／烹調時間1小時

雞肉燉青椒

青椒煮到變軟時會釋放甜味，
帶出獨特的風味。
由於整顆都會充分熟透，
所以連籽的部分都可以吃，
較硬的蒂頭留下不吃就好。

●材料（2人分）
雞腿肉…（小）1片（200g）
青椒…5顆
沙拉油…½大匙
紅辣椒…1根
酒…2大匙
A ┌ 味醂…2大匙
│ 砂糖…½大匙
└ 醬油…2大匙
白芝麻…少許

❶ 用手握住青椒壓扁。雞肉去除多餘脂肪（請參照P.62）後，切成3cm小塊。

訣竅 為了搭配有厚度的雞腿肉，青椒使用原來的大小燉煮。

❷ 在平底鍋中放入沙拉油以中火預熱，將雞肉雞皮朝下並排下鍋，煎約2分鐘。翻面後再煎2分鐘。

❸ 將青椒連蒂頭與種籽一起下鍋，再放入紅辣椒炒約1～2分鐘，加入酒、3大匙水。煮滾後依序加入A攪拌混合。蓋上鍋蓋以小火煮約8分鐘。盛盤後灑上白芝麻。

1人分310kcal／烹調時間20分鐘

雞絞肉牛蒡甘辛煮

在美味的雞絞肉中加入
風味突出的牛蒡，
再加上甜鹹調味，
就成了分量十足的
金平牛蒡風味料理。

●材料（2人分）
雞絞肉…100g
牛蒡…1根（200g）
沙拉油…1大匙
酒…2大匙
A ┌ 味醂…2大匙
│ 砂糖…½大匙
└ 醬油…2大匙

❶ 以菜刀將牛蒡去皮後，斜切成3～4mm寬的薄片。浸泡於水中約3分鐘後撈起瀝乾。

❷ 在平底鍋中放入沙拉油以中火預熱，放入絞肉炒散。待絞肉炒至呈顆粒狀後加入牛蒡拌炒。

訣竅 將絞肉炒熟至呈顆粒狀後再加入牛蒡拌炒，可使牛蒡均勻吸收肉的美味。

❸ 牛蒡炒熟後加入酒及½杯水。煮滾後依序加入A，一邊攪拌一邊熬煮至收汁。

1人分250kcal／烹調時間15分鐘

組合搭配的 訣竅

搭配蔬菜做成沙拉

將易於搭配的肉類料理與蔬菜沙拉加在一起創造出新料理。
可同時享受肉類的飽足感與沙拉的清爽感。

豬五花
咔哩咔哩沙拉

搭配加入豬肉的醬料來品嚐的
沙拉料理。
熱炒豬肉的美味與口感以及香氣，
讓人想一口接一口地把蔬菜吃光光。

● 材料（2人分）
豬五花肉（薄切肉片）…200g
萵苣…½顆（200g）
番茄…（小）1顆（100g）
蒜頭…1瓣
沙拉油…½大匙
A
- 鹽…⅓小匙
- 胡椒…少許
- 醋…1大匙

將豬肉
炒至金黃焦脆，
再將熱呼呼的醬汁
淋在蔬菜上。

❶ 將萵苣切成3～4cm的大小，以冷水浸泡約5分鐘使其維持爽脆口感，撈起後擦去多餘水分。番茄縱切對半後去蒂，再切成1cm厚的半月形。將萵苣與番茄盛盤備用。

❷ 蒜頭橫切成薄片去芯，豬肉切成3～4cm長。

❸ 在平底鍋中放入沙拉油後加入豬肉與蒜頭，開中火。

❹ 將肉炒散，待變色後轉小火（右圖），繼續炒5～6分鐘至金黃焦脆（右下圖）。

訣竅 火開太大的話可能會燒焦有苦味，所以肉一熟就轉小火。用豬肉溶出的油脂將肉與蒜頭煎炸至酥脆。

❺ 關火後依序放入A，將油脂與醋充分拌勻後作為醬汁。完成後趁熱淋於❶上。

1人分440kcal／烹調時間20分鐘

豬肉牛蒡水菜沙拉

將豬肉與牛蒡分開煎好，
然後拌在一起。
豬肉的美味配上
煎牛蒡的香氣
成為一道令人大滿足的沙拉。

●材料（2～3人分）
散切豬肉…150g
牛蒡…200g
水菜…50g
麵粉…適量
A
- 醋…1大匙
- 鹽…½小匙
- 胡椒…少許

沙拉油…適量

1. 將牛蒡刷洗乾淨連皮切成6～7cm長，再縱切成2～3mm的薄片。以水沖洗過後擦乾水分。豬肉灑上麵粉。水菜切成5cm長。
2. 在平底鍋中放入2大匙沙拉油以中火預熱，放入牛蒡翻炒約3～4分鐘。待牛蒡煎脆後關火，起鍋裝入耐熱碗。
3. 將❷的平底鍋擦過後放入1大匙沙拉油，開中火預熱後鋪入豬肉。一邊翻動一邊煎至香脆。
4. 將❸關火，把豬肉連同油脂一起倒入放牛蒡的碗中。趁熱放入A攪拌混合後放涼。再拌入水菜。

訣竅 將豬肉溶出的油脂一起加入，就能帶出豬肉濃郁鮮明的美味。

1人分310kcal／烹調時間15分鐘
扣除將牛蒡與豬肉放涼的時間。

雞里肌杏鮑菇小番茄沙拉

將煎過雞里肌與杏鮑菇的
橄欖油與後續加入的醋拌勻，
做出醬汁般的滋味。
是一道醃漬風沙拉。

1. 將杏鮑菇稍微切除根部後，切成一半長，再縱切成2～4等分。雞里肌斜切成4等分（斜切成片）。小番茄去蒂後縱切對半。
2. 在平底鍋中放入橄欖油以中火預熱，將杏鮑菇、雞里肌並排下鍋。煎約2分鐘後翻面，再煎2分鐘後關火。
3. 在耐熱碗中放入❷，趁熱依序放入A攪拌混合。放涼後再拌入小番茄與巴西里。

訣竅 雞里肌與杏鮑菇趁熱拌入調味料，即可充分入味。

1人分200kcal／烹調時間10分鐘
扣除將杏鮑菇與雞里肌放涼的時間。

●材料（2人分）
雞里肌（不帶筋）…2條（100g）
杏鮑菇…2盒（200g）
小番茄…6顆
橄欖油…2大匙
A
- 醋…1大匙
- 鹽…¼小匙
- 胡椒…少許

巴西里（切末）…1大匙

雞里肌
蘋果沙拉

用微波爐輕鬆煮熟雞里肌。
清爽的雞里肌與
酸甜的蘋果迸出絕妙滋味。
灑上核桃更增添口感。

●材料（2人分）
雞里肌…（大）2條（120g）
蘋果（富士）*1…1顆（約230g）
鹽…少許
法式沙拉淋醬*2…3大匙
核桃*3…3顆

＊1　或是其他喜好的品種。
＊2　使用市售品或將⅓杯醋、⅔杯橄欖油（或沙拉油）、1小匙鹽與適量胡椒充分攪拌混合（易於製作的量）。
＊3　已去殼的核桃。

❶ 雞里肌若有帶筋則先去筋（請參照P.62），放進耐熱容器後加入1大匙水，再均勻灑上鹽。輕覆上保鮮膜以微波爐（600W）加熱2分鐘。取出後直接靜置放涼。

訣竅 將微波加熱過的雞里肌直接蓋著保鮮膜放涼，可避免雞肉變乾。

❷ 將蘋果切成4等分後去芯，削皮後切成1cm小丁。放入調理盆中拌入法式沙拉淋醬備用。

❸ 將核桃切成4～5mm的小塊，將❶的雞里肌切成1cm寬小塊（較厚的地方再切對半），加入❷攪拌混合。盛盤後灑上核桃。

1人分230kcal／烹調時間25分鐘

牛肉
白蘿蔔沙拉

加熱煮至柔軟的牛肉
配上爽脆的蘿蔔絲，再加上
香氣馥郁的茗荷與青紫蘇。
最後加入芝麻油畫龍點睛，
是一道滋味紮實的和風沙拉。

●材料（2人分）
牛腿肉（涮涮鍋用）…200g
白蘿蔔…4cm（200g）
茗荷…2枚
青紫蘇…8片
薑皮…約1段分
蔥綠…適量
酒…1大匙
芝麻油…2大匙
鹽…⅓～½小匙
胡椒…少許

❶ 將白蘿蔔切成細絲。茗荷縱切對半後，再縱切成薄片，以水稍微沖洗過後擦乾水分。青紫蘇切除梗後縱切對半，再切成5mm小片。

❷ 在鍋中放入4～5杯水，將薑皮、蔥放入後開中火，煮滾後關火加入酒。取2～3片牛肉展開放入，以餘熱將牛肉燙熟至變色為止，撈起放冷水中冷卻。其餘的牛肉也是相同做法，冷卻後撈起擠去多餘水分。

❸ 將❷的牛肉切成3～4cm寬。在調理盆中放入牛肉、❶，再灑入芝麻油全部攪拌均勻。灑上鹽、胡椒後盛盤。

訣竅 先灑入芝麻油後再灑入鹽、胡椒，較不容易出水。

1人分310kcal／烹調時間20分鐘

做好肉醬備用

本單元為大家所熟悉的肉醬。
在混合絞肉中加入蔬菜燉煮，能讓味道更有深度。
先做好較多分量再保存起來，
就可隨時輕鬆做出道地的義大利麵。

肉醬

●材料（易於製作的分量）
混合絞肉…200g
洋蔥…1顆（200g）
西洋芹…½根（50g）
紅蘿蔔…5cm（50g）
生香菇…3～4朵
蒜頭…1瓣
水煮番茄（罐裝／整顆）…1罐（400g）
橄欖油…1大匙
白酒…⅓杯
A 月桂葉…1片
A 鹽…1小匙
A 胡椒…少許

❶將洋蔥、西洋芹、紅蘿蔔、香菇及蒜頭各自切末。將水煮番茄倒入調理盆中以手壓碎。

❷在平底鍋中放入橄欖油以中火預熱，放入洋蔥、蒜頭後充分翻炒至上色。

❸加入絞肉炒散，待肉變色呈顆粒狀後，加入西洋芹、紅蘿蔔與香菇拌炒。

❹待蔬菜變軟後加入白酒與❶番茄罐的湯汁，攪拌混合。煮滾後加入A攪拌，蓋上鍋蓋以小火煮20～30分鐘，燉煮途中記得攪動1～2次。

◉保存
將肉醬放入密封容器中，待冷卻後冰入冰箱。或是放入夾鏈保鮮袋中，平放冷凍。使用時可以用微波爐或放入鍋中加熱解凍。冷藏可保存2～3天，冷凍則可保存約2週。

肉醬義大利麵

廣受歡迎的人氣義大利麵。
細細燉煮過的絞肉與切得細碎的蔬菜，
可以充分沾附於麵條上。

●材料（2人分）
肉醬（參照左方）…約½的量
義大利麵條…160g
鹽…適量
起司粉…適量

❶ 待肉醬退冰後，下鍋以中火加熱。

❷ 在一鍋熱水（約2ℓ）中放入至少1大匙鹽（熱水的1%分量），放入義大利麵，按照包裝上寫的時間水煮。

❸ 將義大利麵撈起瀝乾後盛盤，淋上❶的肉醬，再依喜好灑上起司粉。

1人分500kcal／烹調時間10分鐘

焗烤肉醬茄子

用平底鍋將茄子煎過後，淋上肉醬，接著再放進烤箱中烘烤。是一道適合用來宴客的料理。

●材料（2人分）
肉醬（請參照P.108）…200g
茄子…3顆（200g）
沙拉油…2大匙
披薩用起司…60g

❶ 待肉醬退冰後下鍋以中火加熱。茄子去蒂縱切對半，在皮上淺淺斜劃上3～4刀。

❷ 在平底鍋中放入沙拉油以中火加熱，將茄子皮朝下並排下鍋。蓋上鍋蓋以小火煎約3～4分鐘，翻面同樣再煎約3～4分鐘至茄子變軟。

❸ 在耐熱容器中排入❷的茄子，再淋上❶的肉醬。灑上起司後放入烤箱烤約8分鐘。

1人分380kcal／烹調時間20分鐘

蔬菜的切法筆記

★

不管是常作爲配菜廣爲熟知的高麗菜絲，
或是絞肉餡中不可或缺的洋蔥及蔥末等，點綴肉類料理、讓其更美味的各種蔬菜。
來學學這些蔬菜主要的各式切法吧。

◉切絲

高麗菜

縱切成4～6等分後將芯切除，將重疊的菜葉大略分成外側與內側。將內側朝下橫放，以手從上方壓住。

↓

一邊將高麗菜壓緊，一邊從末端開始切成細絲。慢慢地切，切得愈細愈好。最好以同一處反覆切2次的節奏來切。

紅蘿蔔

將紅蘿蔔斜放，從尖端開始斜切成薄片。

↓

以每3～4片重疊，縱切成細絲。小心不要疊得太厚，不然會很難切。

白蘿蔔

沿著纖維將白蘿蔔切成薄片。

↓

以每4～5片重疊，從末端開始切成細絲。

薑

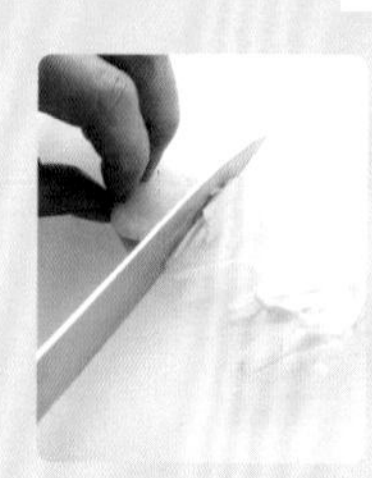

將薑削皮後，從纖維處斷開切成薄片。以每3～4片重疊，從末端開始切成細絲。

★使用刨絲器

如果使用專用刨絲器，就能輕鬆做出超細的絲。當食材變得太小塊時會很難拿，最後可以用菜刀慢慢切完。建議用於馬鈴薯、紅蘿蔔、白蘿蔔等堅硬的食材。

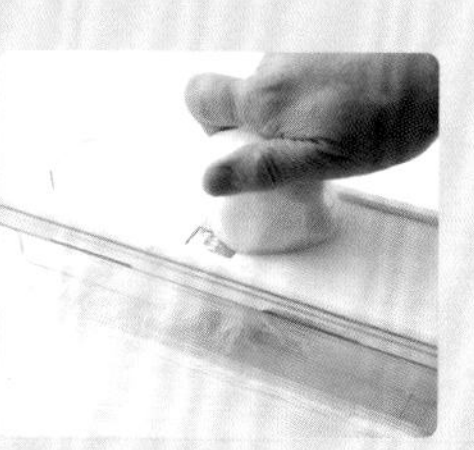

◉切塊

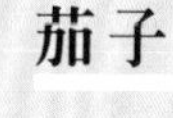

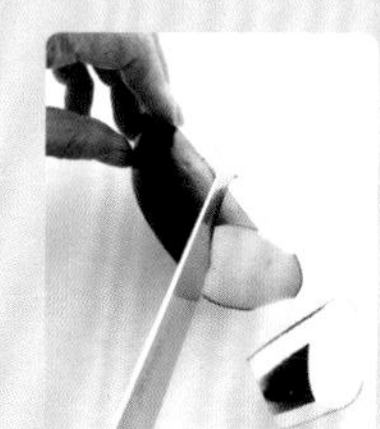

將尖端切去後，一邊往外旋轉90度一邊斜切。

◉切末

洋蔥

將洋蔥縱切對半，切口朝下、芯朝內放好。沿著纖維切成細絲。靠近芯的部分留著不要切斷。

↓

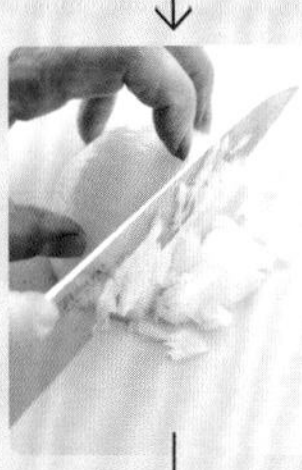

改成與纖維方向垂直橫放，從末端開始切碎。一邊切一邊用手緊緊壓住，以免洋蔥散開。

↓

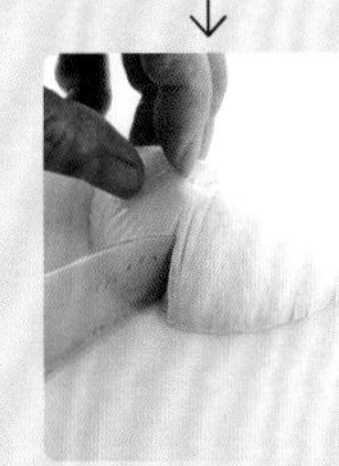

剩下靠近芯的部分，沿著纖維切細，然後一邊改變方向，一邊從末端開始切碎。

蔥

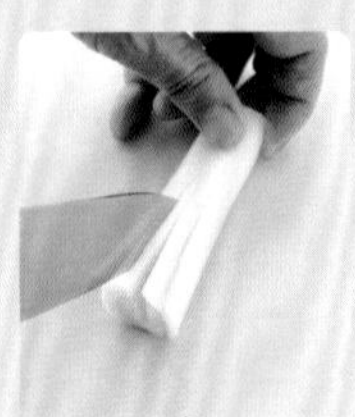

將蔥沿著纖維每隔3～4mm劃開。

↓

將劃開的部分併攏壓好，從末端開始切碎。

蒜頭

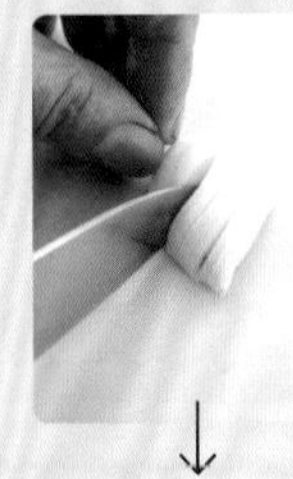

將蒜頭縱切對半後去芯。切口朝下，朝著芯的方向擺好，沿著纖維從末端開始劃數刀。

↓

改成與纖維方向垂直擺放後，以菜刀水平切入3～4刀。

↓

從末端開始切碎。

香菇

切去蒂頭後縱切對半，橫切成薄片。

↓

重疊後切絲，將香菇絲併攏橫放，從末端開始切碎。

紅蘿蔔

先切成細絲（請參照P.110），將紅蘿蔔絲併攏橫放，從末端開始切碎。

薑

去皮切成薄片，重疊後切成細絲。將薑絲併攏橫放，從末端開始切碎。

西洋芹

沿著纖維切成薄片後，重疊切成細絲。將細絲併攏橫放，從末端開始切碎。

巴西里

將較寬的葉子部分併攏在一起，一邊壓住一邊切碎。

作者
高木初江 Takagi・Hatsue

擔任為初學者打造的料理節目——NHK「今日的料理Beginner's」中的講師角色。從大家熟悉的和食到民族料理，對各類料理皆十分熟悉的超級奶奶。用簡單易懂的方式細心指導，帶領大家了解料理的基礎知識。

監修
大庭英子 Ooba・Eiko

料理研究家。以常見食材及一般調味料，製作簡單又美味紮實的料理食譜為人稱譽。擔任 2013 年度～ 2015 年度 NHK「今日的料理 Beginner's」監修。介紹了許多易於製作又分量十足的肉類料理，頗受好評。

攝影
野口健志

造型
大畑純子

插畫
伊神彰宏

美術設計
中野有希

營養計算
宗像伸子

料理助手
武田昌子
堀山悅子

協力製作
NHK「今日的料理Beginner's」節目製作組
NHK Educational